去你的,小情绪

摆脱负面情绪的
9个习惯

[日] 古川武士 / 著
沈英莉 / 译

天津出版传媒集团
天津科学技术出版社

著作权合同登记号：图字02-2019-339号

図解マイナス思考からすぐに抜け出す9つの習慣
ZUKAI MINUS SHIKOU KARA SUGUNI NUKEDASU 9TSU NO SYUKAN
Copyright © 2018 by TAKESHI FURUKAWA
Original Japanese edition published by Discover 21, Inc., Tokyo, Japan
Simplified Chinese edition published by arrangement with Discover 21, Inc.
Illustrations © Tomoya Ogawa

图书在版编目（CIP）数据

去你的，小情绪：摆脱负面情绪的9个习惯/(日)古川武士著；沈英莉译. — 天津：天津科学技术出版社，2019.11（2021.3重印）
ISBN 978-7-5576-7184-6

Ⅰ.①去… Ⅱ.①古… ②沈… Ⅲ.①情绪–自我控制–通俗读物 Ⅳ.①B842.6-49

中国版本图书馆CIP数据核字(2019)第252892号

去你的，小情绪：摆脱负面情绪的9个习惯
QUNIDE XIAOQINGXU BAITUO FUMIAN QINGXU DE 9 GE XIGUAN

责任编辑：	刘丽燕
责任印制：	兰　毅
出　　版：	天津出版传媒集团
	天津科学技术出版社
地　　址：	天津市西康路35号
邮　　编：	300051
电　　话：	(022) 23332490
网　　址：	www.tjkjcbs.com.cn
发　　行：	新华书店经销
印　　刷：	天津中印联印务有限公司

开本 880×1230　1/32　印张 7.25　字数 70 000
2021年3月第1版第3次印刷
定价：49.90元

前言

"我的心都要碎了……"

2009年,在韩国举行的世界棒球经典赛(WBC)第二轮的比赛中遭遇失利后,铃木一朗艰难地说出了这样的话。比赛中,身为本队队长的铃木一朗完全不在状态。在全日本的万众期待下,未能拿出最佳状态,他在精神上也相当痛苦吧。

但对于我来说,竟然连铃木一朗都会有心碎的时刻,对他的感觉就多了几分亲近。同样,不论是谁,无论工作还是生活,都不只有喜不自胜的好心情,有时还充满了灰心丧气的坏情绪。你是不是也有像下面这样的状况呢?

○沉溺于失败,不能自拔　　○和别人比较,缺乏自信
○与领导关系紧张　　　　　○心下了然,却不由得嫉妒
○满口抱怨和不满　　　　　○休息日仍无法停止思考工作
○不能很好地转换心情　　　○总是在意别人的评价和看法

人生中，当遭遇考验或处于逆境之时，尽快摆脱消极的情绪是十分重要的。我认为能否快速摆脱消极情绪，取决于人们的思维习惯。

难以摆脱消极情绪的人群的特征

难以摆脱消极情绪的人，总结起来具有如下特征：

"总在与人对比，习惯于关注自身缺点""片面关注对方的短处，深信对方毫无优点""任由模糊的不安和担心在心中肆意蔓延""眼界狭窄，不能多角度审视事物""凡事拖延，不能付诸行动""总是抱怨自己无法左右的环境""过度追求完美，以致疲惫不堪""对过往的失败耿耿于怀"……

越是习惯于这样思考的人，在面对逆境的时候越会感到压力大。如果你身上也有上述某些特点，那么相信本书会对你大有裨益。

快速摆脱负面情绪的思维习惯

学习和借鉴他人走出逆境的思维模式，对于培养快速摆脱负面情绪的思维习惯是有帮助的。

于是，我研究了活跃在各个领域的精英人士的思维习惯，包括铃木一朗、高桥尚子、孙正义、羽生善治等。我总结并整理了他们的思维模式，研究在伤病不断、需要面对常人无法忍耐的考验和压力时，他们是怎样思考并渡过难关的。

研究发现，他们具有以下 9 个共通的思维习惯：

○接纳原本的自己　　○改变看法而非别人　　○彻底地具体化
○从各种视角来看问题　○专注于能做的事　　　○接受命运
○放弃完美主义　　　　○看事物积极的一面　　○活在当下

本书将穿插运动员、企业家等精英人物的丰富案例，为你形象地解说以上9个习惯。同时，采用丰富的配图具体介绍掌握这些习惯的技巧。

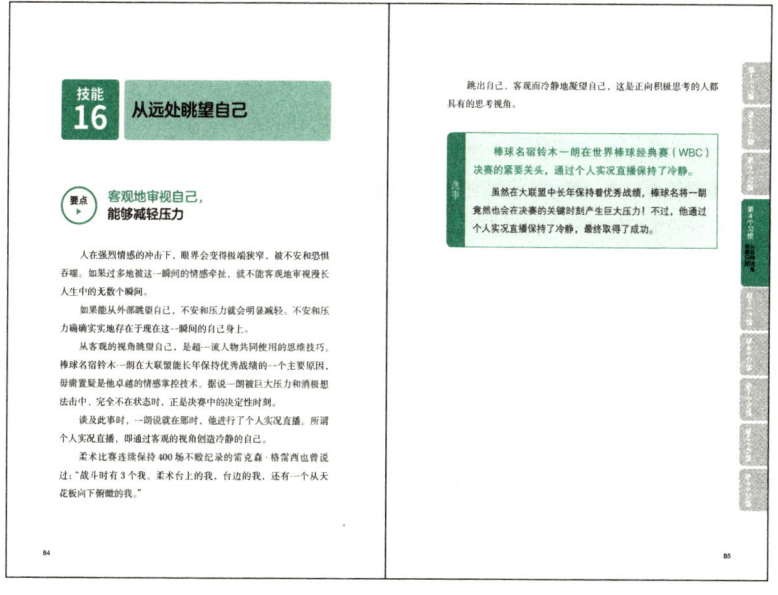

▲穿插逸事趣闻，解说如何掌握各种习惯。

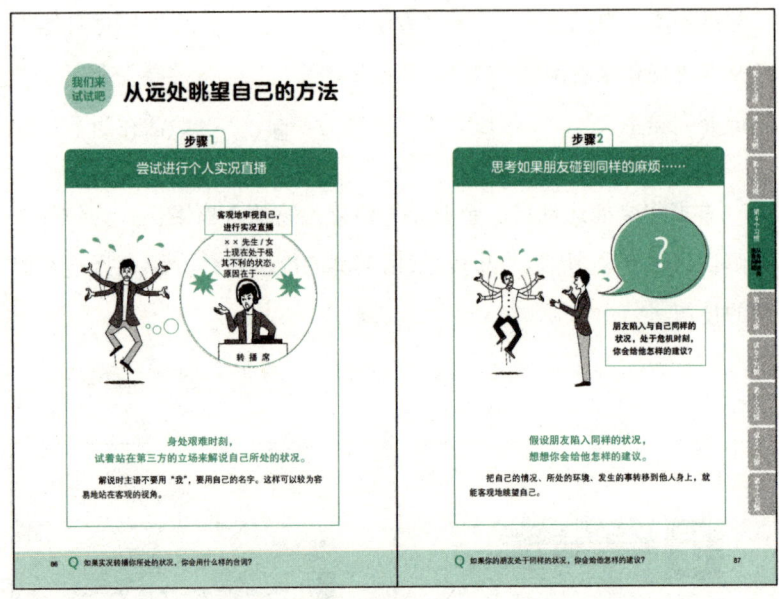

▲采用图解的形式,解说如何实践每个习惯中的各项技能。通过每一页下面的2个提问,快速地将你的思维方式变得正向、积极。

最后,向你介绍一下本书的著书缘由。

我自身有着强烈的完美主义倾向,无法把工作托付给他人,养成了事必躬亲的习惯。在繁忙工作的重压之下,曾患上了突发性重听,有过与压力持续斗争的经历。为了克服自身的问题,我进行了不断的摸索实践。

经过实践,我发现减压效果最为显著的是阅读。通过阅读,吸收书中的观点,将之应用到自己所处的环境中。结果我的思维方式变得更有弹性,抗压能力得到了飞跃式的提升。我想以自己的经验,去帮助有同样烦恼的人。

另外，我拜访过许多企业，为新入职的员工做培训，亲眼看见许多年轻的职场新人，工作不满半年便精神崩溃，不能继续工作的真实状况。我一直在思索如何帮助他们走出困境。最终想到的是，能否向他们提供一套与压力和平共处的系统的思维习惯呢？而事实上，参加过我的研修班和教练法[1]培训的学员及客户，都改变了消极的思考方式，能够做到控制自己的情绪了。

如果读者朋友在工作失败、信心殆尽，即将被压力打垮的时候，能从本书当中得到摆脱负面情绪的启示，我将备感荣幸。

古川武士

---

1 教练法：教练法（Coaching）起源于20世纪70年代初的美国，是从日常生活和对话、运动心理学和教育学等学科中发展出来的一种新兴的、有效的管理技术，能使人洞察自我，发挥个人的潜能，有效地激发并发挥团队整体的力量，从而提升企业的生产力。

CONTENTS
目录

序言
习惯改变你的人生 —— 1
摆脱负面情绪的思维习惯 —— 2
诊断你的思维习惯 —— 4

接纳原本的自己 —— 17

技能 1　以"特质"观代替"差距"观 —— 18
技能 2　接纳多样的自己 —— 22
技能 3　修正自我原则 —— 26
技能 4　明确自己的坐标 —— 30
技能 5　乐见成长的自己 —— 34

第2个习惯　改变看法而非别人 —— 39

- 技能 6　宽容地对待差异 —— 40
- 技能 7　真正站在对方的立场去想象 —— 44
- 技能 8　宽恕难以宽恕的人 —— 48
- 技能 9　践行率先付出 —— 52
- 技能 10　划出最适当的界线 —— 56

第3个习惯　彻底地具体化 —— 61

- 技能 11　写下负面情绪 —— 62
- 技能 12　战胜鬼屋法则 —— 66
- 技能 13　分析事实和根据 —— 70
- 技能 14　将一切数值化 —— 74
- 技能 15　着眼于解决方案而非问题本身 —— 78

第4个习惯　从各种视角来看问题 —— 83

- 技能 16　从远处眺望自己 —— 84
- 技能 17　彻底成为自己尊敬的人 —— 88
- 技能 18　尝试与活得更艰难的人比较 —— 92
- 技能 19　俯瞰时间的长轴 —— 96
- 技能 20　从悲观、乐观和现实的角度进行预测 —— 100

专注于能做的事 —— 105

- 技能 21　专注于过程而非结果 —— 106
- 技能 22　区分能与不能 —— 110
- 技能 23　制定备用方案 —— 114
- 技能 24　消除行动的阻碍 —— 118
- 技能 25　以婴儿步伐开始行动 —— 122

接受命运 —— 127

- 技能 26　接受无法改变的事 —— 128
- 技能 27　直面最糟糕的事态 —— 132
- 技能 28　在受制约的环境中生存 —— 136
- 技能 29　期待不确定的未来 —— 140
- 技能 30　做好准备，面对人生的考验 —— 144

放弃完美主义 —— 149

- 技能 31　允许有例外 —— 150
- 技能 32　改变非黑即白的想法 —— 154
- 技能 33　以目标为指向进行思考 —— 158
- 技能 34　对一切设定限制 —— 162
- 技能 35　克服失败恐惧症 —— 166

第8个习惯　看事物积极的一面 —— 171

- 技能 36　将失败变为珍贵的体验 —— 172
- 技能 37　找到积极的意义 —— 176
- 技能 38　相信必定能通过考验 —— 180
- 技能 39　找到可以感谢的事 —— 184
- 技能 40　心中坚信风暴终将过去 —— 188

第9个习惯　活在当下 —— 193

- 技能 41　每次只做一件事 —— 194
- 技能 42　进入心流状态 —— 198
- 技能 43　给思考限定时间 —— 202
- 技能 44　信息绝食 —— 206
- 技能 45　一日即一生 —— 210

结束语 —— 215

序言

习惯改变你的人生

摆脱负面情绪的思维习惯

开发这些思维习惯的契机在"前言"中已经做了阐述。这些思维习惯的开发并非基于我的个人经历,而是在以下3个观点的基础上建立的系统化思维。

❶ 研究走出逆境的人们

为使书中的思维习惯具有实践性,我首先通过采访、传记研读、实例研究等方式,参考并研究了包括运动员、经营管理人员、艺术家、历史伟人、我的教练法培训对象等共计一千多个案例。

如何面对、接受危机和苦难,这些人身上有着共通的地方。既定事实只有一个,但人们的接受方式和认知方式多种多样,是可以选择的。成功人士的关键,在于具备了战胜逆境和克服困难的思维习惯。

如果能模仿他们的思维习惯,就能得到摆脱消极情绪的力量。

本书将这些成功人士的共同点总结为下页图所示的9个习惯。

此外,本书从研究对象中摘选出一些人物,通过他们的事例,向你解说思维习惯的养成方式。这些成功人士是:

铃木一朗(西雅图水手棒球队外场手)、高桥尚子(悉尼奥运会女子马拉松金牌获得者)、羽生善治(将棋棋士)、松下幸之助(松下电器创始人)、圣雄甘地(印度民族解放运动的精神领导人)、孙正义(软银集团董事长兼总裁)、木村秋则(著名的果农)、泽田秀雄(日本HIS国际旅行社创始人)、南部靖之(保圣那集团创始人)、天野笃(日本天皇心脏手术的主刀医生)等。

摆脱负面情绪的 9 个思维习惯

习惯 1 接纳原本的自己

习惯 2 改变看法而非别人

习惯 3 彻底地具体化

习惯 4 从各种视角来看问题

习惯 5 专注于能做的事

习惯 6 接受命运

习惯 7 放弃完美主义

习惯 8 看事物积极的一面

习惯 9 活在当下

❷ 研究超越历史的思维方式

"一日即一生""不打不成交""塞翁失马,焉知非福",这些超越时代,历久弥新,被传诵至今的格言中,蕴含着改变人们思维方式的独特力量。

虽然各自的信仰不同,但佛教、基督教等宗教教谕的共同之处在于:积极正向的思考方式。我们关注并研究了这些宗教的格言和教谕,在本书各处多有介绍。

❸ 运用心理学的方法

书中,我们应用了专业的教练法、神经语言程序学(NLP)、认知科学、行动科学等多种心理学的方法,解说如何具体掌握这9个习惯。

而且,这些方法不仅应用于我自身,在许多客户的教练法培训和研修中均已实践应用过。

本书的最终目的在于促使大家能够将方法付诸行动,因此写作时对习惯的具体养成方法着墨颇多。

以上即为本书出版的思路。言归正传,9个习惯对于不同的人,或为强项或为弱项。接下来让我们来诊断一下你的思维习惯吧!

诊断你的思维习惯

下面是诊断测试一览表和解说资料,赶快来测一测吧!

步骤1 诊断测试

诊断方法
①下表中有45个问题,左右两部分是对照性内容,请凭直觉选择符合自身情况的答案,并画上对号。
②将下表中"问题(右)"的对号数填写在"合计"一栏中(最大数为5,最小数为0)。

思维习惯诊断测试

	问题(左)	问题(右)	合计
习惯 1	□缺乏自信,讨厌自己	□富有自信,喜爱自己	
	□总是关注比自己做得好的人,与其对比后产生自卑感	□能客观地比较自己和他人,发现自己的优点或强项,有一定自信	
	□认为自己是个讨厌的人,自己能力不够	□认为自己大体上是个好人,有能力和潜力	
	□在意自己的缺点多于优点	□对自己的优点感到自豪,认为缺点是自身的一种特质	
	□遭遇小失败会强烈地否定自我,认为自己不行、自己无能	□遭遇小失败仍能肯定自我,认为自己一定可以做好	
习惯 2	□通常以自我为中心思考问题,不善于换位思考	□善于体察对方的情绪和需求	
	□因对方的短处心烦意乱、情绪受到干扰	□善于发现对方的优点而非缺点	
	□按字面意思浅显地理解对方的语言,感到焦虑、情绪低落	□深刻理解对方话中真实的意思,能够冷静地接受和理解	
	□至今无法原谅伤害过自己的人	□已原谅曾伤害过自己的人	
	□是善恶分明的人	□是不太轻易明确善恶的人	

	问题(左)	问题(右)	合计
习惯 3	☐任由焦虑滚雪球般地不断膨胀,总在担心"会不会……"	☐明确知道自己真正担心什么,深入思考直达行动层面的解决方案	
	☐毫无根据地揣测对方的心情,进行否定的猜想,认为"他一定在说我的坏话""他一定讨厌我"	☐即使对方用了否定的字眼,动作和表情带有否定的意义,也不让自己消极的感觉膨胀,认为"这或许只是偶然的"	
	☐一旦发生不好的事,觉得一切都是自己的责任,过度自责	☐认为不好的事在一定范围内是自己的责任,不过度自责	
	☐只专注自己关注的事情,在没有充分依据的情况下,武断认定自己的想法是正确的	☐能以事实为依据进行思考,并修正没有根据的想法	
	☐不能拿出方案和行动去解决问题	☐能将问题具体化,思考怎样解决,知道现在该怎样做	
习惯 4	☐一旦遭遇不利,往往会感情用事	☐情况越复杂越能保持冷静	
	☐不能冷静客观地审视自己所处的状况	☐能客观冷静地从第三方的视角审视自己所处的状况	
	☐遭遇不利,感觉"痛苦会一直持续"	☐遭遇不利也会借鉴以往经验,认为"这只是一时的"	
	☐经常被人评价为眼界狭窄	☐经常被人评价为眼界开阔	
	☐在紧张、动摇的时候,不能很好地转换情绪	☐在紧张、动摇的时候,能从多个视角思考,保持冷静	

	问题（左）	问题（右）	合计
习惯 5	□过于在意和担心公司业绩,整体的经济走势	□思考自己可控的事情,并专注于其中	
	□对公司方针、上司的能力不足日益不满,牢骚满腹	□能专注于自己能做的工作,思考如何提高自身能力	
	□沉浸在失败的后悔当中,认为"自己完全可以做得更好"	□能找出需要解决的课题,思考今后的行动,而不是纠结于过去的失败	
	□面对逆境,感觉自己无能为力	□无论身处怎样的逆境,都能思考自己能做的事并能采取行动	
	□过于在意结果,迟迟不能行动	□有时能不关注结果,而专注于过程	
习惯 6	□一直后悔过去的失败	□能够放弃执念,认为过去的失败已然过去	
	□过于关注经济环境和公司方针,心头萦绕着不满和忧虑	□能够接受经济环境和公司方针等不可改变的事情	
	□无法接受已经发生的不幸（疾病或事故等）,一直在后悔	□能接受已经发生的不幸（疾病或事故等）,认为这是命运的安排或是自己生命的一部分	
	□认为如果发生痛苦的意外情况,自己将无法承受	□无论发生多痛苦的事,都能预估并接受最糟糕的状况	
	□稍有不遂意,便会感觉焦虑和不安	□认为不如意之事常有,可以接受不公平	

	问题（左）	问题（右）	合计
习惯 7	☐对自己苛求唯一标准，施加不必要的压力，认为"应该如此""必须那样"	☐能够允许自己或他人有些许的例外和过错	
	☐对初次挑战的工作或事情感到过度紧张和不安	☐对初次挑战的工作或事物，允许自己某种程度上冒险尝试、勇于失败	
	☐具有极端思考倾向，认为事物非黑即白，不能容忍灰色地带（模糊状态）	☐认为事物也有灰色地带（模糊状态），能够持有除黑、白之外的多种标准	
	☐如果事物无法按既定方案推进，会自我厌恶	☐自己的理想或某个想法未能按既定方案推进时，能够原谅自己，认为"自己已经尽了最大努力"	
	☐如果没得到事物顺利进展的明确保证，就不能付诸行动	☐认为任何事情都需反复试验，能付诸行动、勇于尝试	
习惯 8	☐对过往的失败耿耿于怀、不能自拔	☐能从过往的失败中总结教训，促进自我成长	
	☐对于杂事和上司委派的高难度工作，大多只是感到焦虑	☐对于杂事以及上司委派的高难度工作，能从中找到积极意义并尽力而为	
	☐悲观地预测将来，对将来感到不安	☐能够乐观地描绘将来，认为将来定会变得更好，会有好事发生	
	☐对身边的人和日常发生的事经常感到焦虑，总是不愉快	☐对周围的人和日常发生的事多怀感恩之心	
	☐不明白工作的意义在哪里	☐能从现在的工作中感受到自己的成长，对客户和社会的贡献	

	问题（左）	问题（右）	合计
习惯 9	□周六、周日也在思考工作	□周六、周日能将工作暂时搁置，享受个人生活	
	□事情一多便无法专注	□事情再多，也能专注于眼前的工作	
	□属于专注力弱的类型	□属于专注力强的类型	
	□头脑中时常萦绕着过往的失败和对未来的担心	□即使对未来有些许担心，也能愉快地度过今天	
	□总是放大对未来的担忧，认为"会不会……"	□能将努力思考也无法解答的问题，暂时从头脑中剥离	

步骤2　蛛网图

请参考下一页的范例,将9个习惯的得分在下面的图表中做出标记。

计分图表

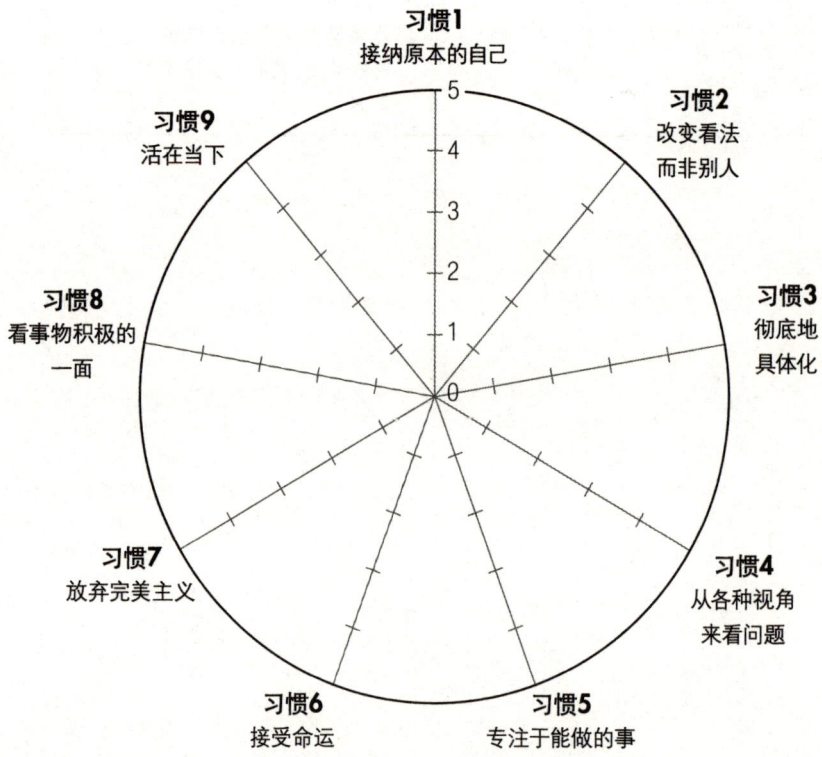

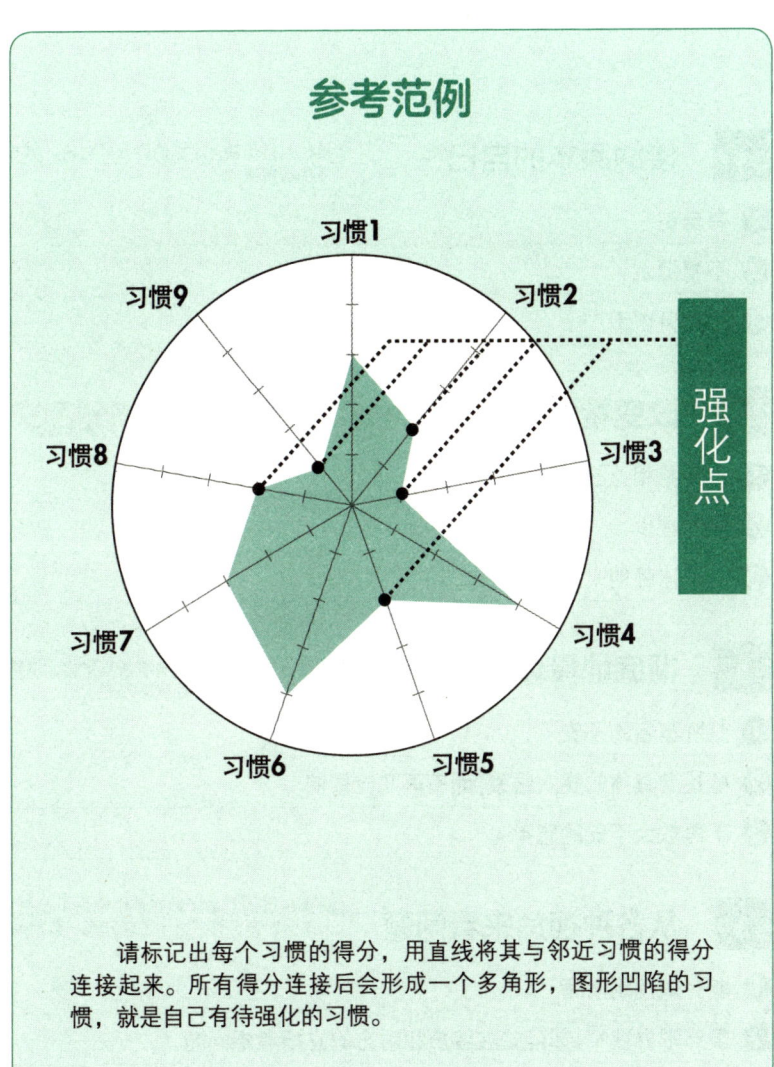

11

步骤3 9个思维习惯概要

本书采用一览表的形式,概括介绍9个思维习惯。对比你的思维习惯诊断结果,让我们提前看一看如果具备了有待强化的思维习惯,你将会获得哪些改变。

思维习惯 1 接纳原本的自己

接纳包括优缺点在内的原本的自己,拥有适度的自信

1. 有自信
2. 不易消沉
3. 不过分自责

思维习惯 2 改变看法而非别人

通过改变自身看法而不是试图改变对方,消除人际关系中与他人之间的情感隔阂

1. 不容易相处的人越来越少
2. 焦虑减少
3. 能够信赖他人

思维习惯 3 彻底地具体化

面对不安和恐惧,能将事情具体化,排除不明朗的状态,找到解决方案

1. 战胜莫名的不安
2. 能找到具体的解决线索,而不再兀自烦恼
3. 不再放大不安的感觉

思维习惯 4 从各种视角来看问题

脱离自己的立场,站在多个视角(过去、未来、对方、第三方)思考问题,能时常保持冷静

1. 能有效控制情绪
2. 虽然眼界狭窄,却能站在客户和对方的立场考虑问题
3. 创意不断涌现

思维习惯 5　专注于能做的事

关注自己能做的部分，并积极采取行动，不再关注不可改变的事

❶ 不再满嘴怨言、牢骚满腹

❷ 能迅速行动、不空谈

❸ 凡事不拖延

思维习惯 6　接受命运

认为自己所处的环境和痛苦的状况是无法改变的，并能够接受

❶ 不再烦恼于自己无能为力的事

❷ 不再担心未来和不可预测的问题

❸ 不再纠结于过去的失败

思维习惯 7　放弃完美主义

远离或 0 分或 100 分的极端思维方式，设定多个标准，进行弹性思考

❶ 稍有不完美，也不再自我否定

❷ 不期望完美，能马上付诸行动

❸ 不怕犯错，能灵活把握、随机应变

思维习惯 8　看事物积极的一面

能心怀感恩，发掘过去发生的事件对未来的意义，提高自己的积极性

❶ 视线不仅投向现在，也能看到未来

❷ 产生迎接新挑战的力量

❸ 常怀感恩之心，能保持人际关系的良性互动

思维习惯 9　活在当下

将对过去的后悔和对未来的焦虑搁置一旁，集中精力于当下这一瞬间

❶ 能够集中注意力，不再胡思乱想

❷ 周六、周日能果断放下工作

❸ 不以牺牲当下换取未来

步骤4　本书的使用方法

金句解读精华。
一句话概括每个技能的要点。

技能 16　从远处眺望自己

 要点
客观地审视自己，
能够减轻压力

人在强烈情感的冲击下，眼界会变得极端狭窄，被不安和恐惧吞噬。如果过多地被这一瞬间的情感牵扯，就不能客观地审视漫长人生中的无数个瞬间。
如果能从外部眺望自己，不安和压力就会明显减轻。不安和压力确确实实地存在于现在这一瞬间的自己身上。
从客观的视角眺望自己，是超一流人物共同使用的思维技巧。棒球名宿铃木一朗在大联盟能长年保持优秀成绩的一个主要原因，即毋置疑是他卓越的情感掌控技术。据说一朗被巨大压力和消极想法击中、完全不在状态时，正是决赛中的决定性时刻。
谈及此事时，一朗说在那时，他进行了个人实况直播。所谓个人实况直播，即通过客观的视角创造冷静的自己。
柔术比赛连续保持400场不败纪录的雷克森·格雷西也曾说过："战斗时有3个我。柔术台上的我，台边的我，还有一个从天花板向下俯瞰的我。"

跳出自己，客观而冷静地凝望自己，这是正向积极思考的人都具有的思考视角。

> 棒球名宿铃木一朗在世界棒球经典赛（WBC）决赛的紧要关头，通过个人实况直播保持了冷静。

虽然在大联盟中长年保持着优秀战绩，棒球名将一朗竟然也会在决赛的关键时刻产生巨大压力！不过，他通过个人实况直播保持了冷静，最终取得了成功。

阅读此处即可。
无须细细品读，仅阅读黑体字部分，便可以大致把握全文。

采用事例加深理解。
具体介绍与各技能有关的趣闻逸事。

现在马上实践!
具体介绍实践方法,以便迅速掌握技能。

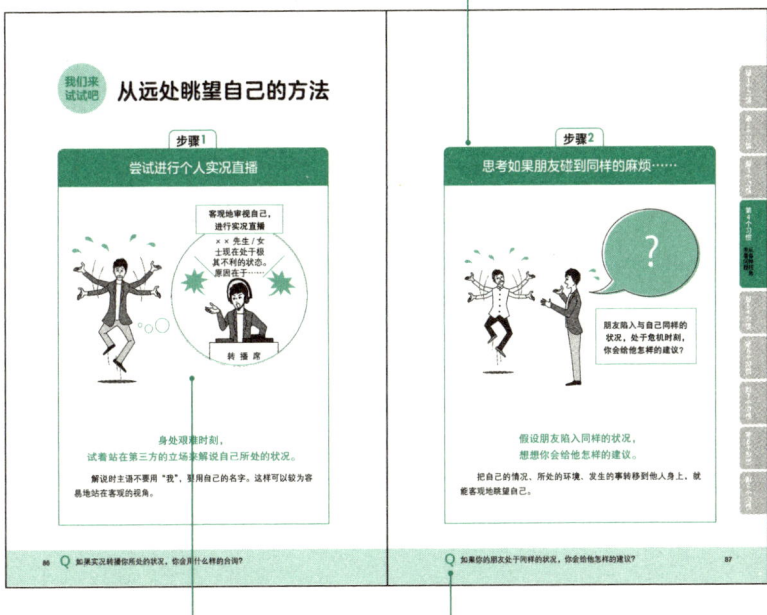

该做的事,一目了然。
不想阅读文字,只需一眼便可以马上知晓自己该做的事。

回答问题,即刻转变为正向思维!
各项目下方设有2个问题,能迅速将消极思维转变为正向思维模式。

15

用书写造就习惯

为更好地改变思维习惯,进行客观的自我对照并书写下来是十分重要的。仅在头脑中模糊不清地思考,是无法有效控制思维的。将思维习惯写在笔记本上是应用新思维习惯的前提。

为培养新习惯,请准备一本专用的思维习惯笔记本。

另外,本书介绍的思维习惯并非只用于一时,对于长期思维习惯的养成也是有益的。只是长期习惯的养成大概需要 6 个月的时间,请做到心中有数。虽然耗时较长,但在长期习惯养成后,陷入消极情绪的情况将会急剧减少。

在最后,还请你把本书的内容当作一种智慧而不是知识。

知识和智慧的区别在于是否加入了体验。本书提供的是具有知识高度的、加入了实践体验的内容,因此应归类于智慧。

接下来,让我们从第 1 个习惯开始吧!

第 1 个习惯

接纳原本的自己

爱自己是终身浪漫的开始。
——英国剧作家 奥斯卡·王尔德

养成第 1 个习惯的技能

1. 以「特质」观代替「差距」观
2. 接纳多样的自己
3. 修正自我原则
4. 明确自己的坐标
5. 乐见成长的自己

技能 1　以"特质"观代替"差距"观

要点　接受原本的自己，
对自己抱有期待而非自卑感

　　轻松摆脱负面情绪的人通常能接纳原本的自己。他们以人皆有优缺点为认知前提，在和别人比较时能以"特质"观覆盖"差距"观。

　　怎样看待自己叫作"自我评价"。如果自我评价过低，无论做什么都会自卑和自我厌弃，累积压力，陷入消极看待问题的模式。总将自己的短处与他人的长处进行对比，进而产生自卑感。

　　我有一位男性朋友，东京大学毕业，在大学期间做过模特，是被众人羡慕的堪称完美的人，但他自我评价很低。这缘于他童年时代一直被父母拿来和别人比较，常被说成"你不如××"。在东京大学又是天外有天，人外有人，模特界亦概莫能外。他认为自己无论身处哪里都是平庸一族。

　　与此不同的是，先天无手无脚的乙武洋匡先生，在其自传《五体不满足》中却呈现出很高的自我评价。因为自他出生时，其父母就明确了自己的想法："这孩子出生时便独具个性，我们不和其他孩子做比较。"

如此看来，恰当的自我评价可以使人们能够接受失败，即便失败也能在失败经历中借鉴可取之处，做到期待下次挑战，实现与原本的自我和睦相处以及自我塑造，这是十分重要的。

> **逸事**
>
> 著有《五体不满足》的乙武洋匡先生自小被灌输"人，生而不同"的观念，因而其自我评价很高。
>
> 据说乙武先生的父母在孩子出生时就明确了想法，认为"这孩子出生时就独具个性，自然连饮奶量、睡眠时间都与众不同，我们不和别人进行比较"。

| 我们来试试吧 | **提高自我评价的方法** |

步骤1

养成看自己闪光点的习惯

**不放大缺点，
不低估优点，
客观地发掘自己的闪光点！**

聚会中，活跃气氛的人更易获得瞩目，但没必要大家都来当聚会明星。能够顾及身边的人，点取饮品，体恤贴心的人，同样是闪亮的存在。

Q 你曾得到过哪些赞美的语言？

步骤2

失败说到底是行动上的失败

昨天约会失败……

原因是饭店的选择有问题……

有些事情失败了也不要过分自责，说到底，仅仅是行动和方法上的失败，要区分对待、辩证思考。

约会失败的原因在于饭店的选择和话题的切入不够精准。不要陷入自我否定的思考模式，认为"为什么我不行啊"。

Q 与他人比较时，所谓的"缺点"当中，有哪些可以看作"特质"呢？

技能 2　接纳多样的自己

 **要点** 接纳多样的自己，演绎出美妙的变化

看似是缺点的部分，却成了对方的特质或独有的风格，这种情况不在少数。不过度修正缺点更符合人性，有时也会赢得他人的共鸣。完美的人身上没有漏洞，会让人无法充分信任。

心理学者林维尔构建了自我复杂性理论。

简单地说该理论认为"片面认知自我的人易遭受挫折，多角度认知自我的人更耐受挫折"。

例如，单纯片面地认为自己很强大、有泪不可轻弹，要努力、不能懈怠，这样的人往往更容易自我否定。因为人都有想哭鼻子和想稍稍偷懒的时候。

相反，多角度认知自我的人能够原谅自己："唉，又这么干啦！"他们认为自己时而马马虎虎，时而规规矩矩，既内向也有外向的一面。

一旦接受了现在的自己就能直视自己的缺点。自我评价过低的人不能直视自身缺点；而自我评价过高的人，一旦被人指摘缺点又往往会采取攻击的态度。

说到底，只有接受原本的自己，我们才能站到变化的起跑线上。而爱上原本的自己，对于精彩的人生亦是必不可少的。

> **史上留名的棒球名手长岛茂雄，因其天然而自由奔放的个性深受粉丝们的喜爱。**
>
> 提到巨人队的长岛茂雄先生，自不必说他完美的球技，还有许多关于他的有趣传说。据说，他"去的时候还开着车，回来时竟忘了，坐着公交车回来了""指导棒球时，全是拟声词，让人听不懂"。想来人若过于完美，必然不能成为天才。

逸事

接纳多样的自己的方法

我们来试试吧

步骤 1

写出自己蕴藏的多样性

痴迷网球、兴趣盎然的自己

身着西装、埋头工作的自己

身着便装、心情放松的自己

试着想想
有多少完全不一样的自己。

人就是这样："虽然很××，但也有一些○○的方面"。这并不矛盾，而是自己多个侧面中的一面，先试着把这样的点都写出来吧！

Q 你身上有哪些矛盾的侧面？

步骤2

接纳刚刚写下的内容

无论什么样的我，都是我。

在多样化的范畴内思考，接纳自己的多面性。

姑且搁置不提那些自己特别想改正的点，在内心允许的范围内，接纳并告诉自己"这也是我自己啊"。

Q 你能接受自己的哪些方面？

技能 3 修正自我原则

 **要点** 放松过于紧箍的自我原则，宽容对待自己，让自己从压力中解放出来

所谓自我原则，是无意识中对自己起作用的指令："我应该××""我必须做××"。大脑有对自己制定原则的倾向。

自我原则是无意识中人们深信的理念，左右着人们的思考和行动。这些原则主要是由幼年时期（7岁左右）父母经常说的话、自己所处的环境造就的。

"我应该这样""我必须这样"，这些自我原则给人以纪律严明之感。拥有自我原则也有好的一面，因为完全没有自我原则的人，可以说是不受欢迎的。

但是，"应该这样""必须这样"，过多的自我原则会紧逼自己，让人积累压力，折磨自己，最终陷入自我厌恶的境地。其原因在于，只要不符合自我原则，当即判定为NG（不可以），人就会过度自责。从而导致自我评价过低，认为"我总是不行""我没努力""我总是半途而废"。

自我评价低的人遵守着许多极端的自我原则。而自我原则过

多，生活和人生都不会自由。

顺便说一句，严格遵守自我原则的人会以同样的原则严格要求别人。放松紧箍的自我原则，对自己宽容的同时也会对别人宽容。

> 逸事
>
> 心理学中将驱动自己、不得不做的5件事阐述为著名的"5个驱力"。
>
> 5个驱力表现为：①要完美（我应该时刻追求完美）；②讨好他人（我不可以让对方失望）；③要更努力（我绝不可以懈怠）；④要赶快（我要尽快）；⑤要坚强（我应该变得更强）。

> 我们来试试吧

修正自我原则的方法

步骤1

将内心的自我原则数值化

5 个驱动力
① 要完美
② 讨好他人
③ 要更努力
④ 要赶快
⑤ 要坚强

哪一个在发挥更大的作用呢?

**是哪一项沉重的原则在发挥作用?
用数值来确定吧!**

参照 5 个驱动力,写出工作和生活中自己身上起作用的原则。每一项以 10 分为满分,通过计算看看你能得多少分。

Q 让你产生压力的自我原则是什么?

步骤2

放松紧箍的自我原则

放松紧箍的自我原则，
将自己从过多的原则中解放出来。

选择那些得分较高、让自己产生压力的原则，尝试用新词汇代替原来的措辞，例如用"……比较好"代替"应该……"。

Q 那些紧箍的自我原则，用怎样的语言替换会让你感到轻松呢？

技能 4　明确自己的坐标

 **要点**　如果能看到自己的成长，便能爱上原本的自我

2006年都灵冬奥会中获得花样滑冰金牌的荒川静香，虽身为一流选手，比赛当中却也因自我评价不稳定，陷入了低谷。

据说低谷时，荒川重新调整了心态，让自己"不和别人比，要和昨天的自己比"，并且践行了这句话。

自我评价过低的人总想和别人比。通过与他人的比较，确认自己的存在。采用社会的标准和他人的价值观衡量自己，来维持自我评价的稳定。

然而，越比较越会觉得别人更厉害、自己不行，因此深感自卑。

在社会普遍的价值观和公司的标准中，我们不能避免被比较、被衡量，然而进行自我评价时，通过比较才能实现的自我评价是不能让我们保持本色生活的。既然如此，我们该怎样进行自我评价才好呢？

一个方法是明确自己的坐标。你"要成为什么样的人""想做什么""拥有怎样的价值观"，明确这些想法会让你有清晰的坐标。

同时，像荒川女士那样，和过去的自己比较。哪怕是点滴的进步，通过保持努力的姿态去一步一步突破，这样做的同时就能爱上原本的自己。

> 逸事
>
> **荒川静香，奥运会花样滑冰金牌获得者，不和别人而是和过去的自己竞争。**
>
> 接受采访时，她说："对我来说，最重要的不是名次和奖牌，而是与获得世界锦标赛金牌时的自己相对比，现在是否有所进步。如果我的实力和表现还是老样子，真的会觉得心有不甘。"

我们来试试吧 明确自我坐标的方法

步骤1
制定自己的目标

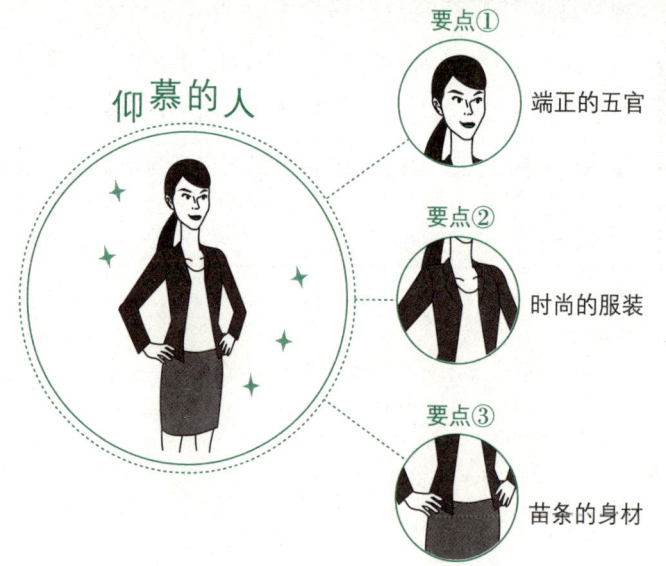

如果有仰慕的人，
具体明确自己仰慕对方的哪些方面。

描绘目标和理想中的形象时，重要的是暂时不考虑"能不能做到"。如果你有仰慕的人，就具体思考自己仰慕对方身上的哪些方面吧。

Q 你的目标和理想形象是怎样的？

步骤2

明确自己的欲求

思考自己做什么时心情最雀跃。

所谓自己的需求,关键的点是"自己对什么最期待"。列出过去让你雀跃不已的事情,深入探索什么能令你充满期待。

Q 你对什么事最充满期待?

技能 5　乐见成长的自己

 **持续感受成长，接受现在的自己**

心理学的理论研究发现，人都有持续成长的根本需求。人们确立年初的目标，如考取资格证书、学习英语、学习技能等都是为了满足成长的需求。

而在这个过程中，能否感受到成长，比成长的事实本身更重要。即便每天都在进步，如果不能实际感受到，人的需求也得不到满足。不断积累成长的感觉，人就能对未来抱有希望，进而接受现在的自己。

我的一位客户对自己没信心，于是我要求他讲述当天学习到的、感觉有进步的3件事。这样持续了大约1个月，他意识到自己在不断成长，自我评价也逐步提高了。反馈时也说自己现在乐于回顾每天的生活，开始对未来抱有希望了。

如果不做这样的讲述汇报，他会继续停留在以往的思维模式中，不断自责，热情锐减，不断诘问自己"为什么会失败""下次还会同样失败吧""我为什么总是不行"。

即使失败，也要努力从中探寻成长的痕迹，这是体验成长的最好方式。正因为不完美，才具有向上发展的空间。一旦对发展中的自己抱有期待，就会喜欢自己。而且，如果能够专注于自我成长，就能放弃比较，按照自己的标准生活下去。

> 逸事
>
> 　　身为创业者，在众多领域取得成功的福岛正伸老师曾说过："人生中只有成功和成长。"
>
> 　　先生有言：持续去做，定会成功；失败中学，以为进步。因此，人生中唯有成功和成长。他还强调，"感受成长的喜悦"比人生的结果更为重要。

乐见自我成长的方法

我们来试试吧

步骤1

站在积极的视角回顾每一天

思考当天进展顺利的事情和新的发现。

回顾当天,将完成的事、成长的点、学习到的东西记录在笔记本上。记录时,先不要反省,养成从积极视角回顾的习惯。

Q 今天你得到了什么、学习到了什么?

步骤2

思考今后持续成长需要采取的行动

回顾课题时，
要坦诚面对自己，提出有行动指向的问题。

　　回顾、反省这一天时，关键是要提出具有行动指向的问题，问自己"接下来怎样努力"。

Q 怎样才能成为更闪耀的自己？

第1个习惯
接纳原本的自己
总　结

技能 1 和他人比较时

▶ 发现自己的优点，
以"特质"观代替"差距"观

技能 2 否定自我时

▶ 写出自己身上的多样性，
将这些作为真实的自己给予接纳

技能 3 因自我原则而陷入痛苦时

▶ 找出太过紧箍的自我原则，
用新词汇替换，让自己轻松起来

技能 4 深感自卑时

▶ 清晰定位自己，
明确自己理想中的形象

技能 5 没有自信时

▶ 回顾当天的进步，
思考怎样才能持续成长

第2个习惯

改变看法而非别人

> 人生最美丽的补偿之一，就是人们真诚地帮助别人之后，同时也帮助了自己。
> ——美国思想家 拉尔夫·爱默生

养成第2个习惯的技能

6 宽容地对待差异
7 真正站在对方的立场去想象
8 宽恕难以宽恕的人
9 践行率先付出
10 划出最适当的界线

技能 6 宽容地对待差异

要点 与价值观不同的对象合作，发挥更高的水平

在培训中，我采用沟通的四分法，践行了尊重差异的理念。四分法所说的四个类型分别是：①按自己的意愿推进工作的控制者；②和他人关系融洽地推进工作的推动者；③慎重完美地推进工作的分析者；④支持他人、推动工作的支持者。培训时，将同一类型的人集合起来，通过交谈和阐述想法，让他们意识到人是通过自己的价值观来审视对方的。

曾经，我非常讨厌公司里的一位领导。每次汇报工作，总会被他批评"你说的我不明白"，导致我每天去公司都很压抑。

不过，在学习四分法后，发现那位领导其实属于第三种类型，因此我尝试投其所好，尽可能通过具体的事例进行工作汇报，后来他竟夸赞我的汇报简单易懂。而在了解到眉头紧锁、脸色难看也是这个类型的人具备的特质后，我就渐渐理解这位曾经讨厌的领导了。

我们喜欢与自己价值观相同的人，往往疏远那些与自己价值观和想法不同的人。但工作中只有与价值观不同的人合力才能创造出更大的成果。因此，我们必须尊重差异，与个性不同的人协作。

最重要的不是改变对方，而是改变自己的看法，接受差异。

> 逸事
>
> 　　据说印度人在听完龟兔赛跑的童话后，认为错在乌龟没有叫醒午睡的兔子。
>
> 　　根据宗教学者增原良彦的介绍，不同国家对这个童话的解读不同。多数日本人对乌龟抱有好感，认为它因为勤恳努力获得了最后的胜利。但据说印度人却对乌龟持否定的看法，认为"叫醒兔子能体现朋友的情谊，而乌龟没有体现出友情"。

我们来试试吧 宽容地对待差异的方法

步骤1

增加看待差异的视角

性格分类工具①

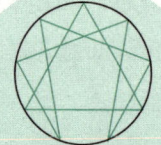

借助九型人格测试分析性格

通过自我状态量表进行自我分析

性格分类工具②

运用各种性格分析工具深入了解自己，增加观察他人的视角。

人们总是试图通过自己的观察了解对方，因此为了更客观地观察自己和他人，有必要使用先进的性格分析工具，加深自我了解，增加观察他人的视角。

步骤2

观察后，加以接受

平日里，从新增加的视角去观察别人，提升自己接纳差异的能力。

接受各自的不同，可以提升自己的包容能力。这样做的同时也会接纳原本的自己。

Q 接触对方时，怎样可以让对方感到舒适？

技能 7　真正站在对方的立场去想象

要点 ▸ **站在对方的立场，可以看到自己视角看不到的事物**

人际交往中，我们对对方感到烦躁、憎恶时，眼界会随之变得极度狭窄，只能从自己的立场看事物。如果极其讨厌某人，试着站在对方的立场，会意外地发现许多自己视角看不到的事物。

举例来说，对于自己特别讨厌的领导，人们往往会单方面地患有被害妄想症，认为"万恶之源是他的性格，我没有错。我那么认真地工作，他却那样说，真是过分"。

事实只有一个，但看法因人而异。这样说的原因在于，并非每个下属对那位领导都持有同样的看法。人们要么是通过自己的价值观去观察他人，要么是聚焦于厌恶的那一个点去评价对方。

我们的大脑无法看到原本的事实，而是简单地通过自己的价值观来判断对方。

即将介绍的做法会让你发现，真正站在对方的立场，会看到世界真是惊人地不同。站在拥有许多员工的领导的立场，会看到许多至今未曾想过的事物。

而且，站在对方的立场去理解对方，渐渐地也就能了解自己。

> 女儿向顽固而又严厉的父亲表达了感谢之情后,终于能够理解父亲的孤苦心境了。

逸事

读过名作《镜子的法则》后,90% 的人都流下了眼泪。主人公为了解决儿子在学校受人欺辱的问题,在对心理学有深入研究的朋友的劝说下,给多年来与自己关系不睦的父亲打电话表达了感谢之情。电话中父亲放声大哭,在沟通的过程中,女儿终于理解了父亲真正的想法。

我们来试试吧

站在对方的立场去想象的方法

试着站在自己、第三方和对方的立场，设想他们的情感

对于眼前的人，你有什么感觉？请将所想用语言直接表达出来。

①完全成为"自己"

> 他很有热情，但是犯的错误太明显，让我很介意。

自己　　　　対方

②站在第三方的立场

把自己完全留在椅子上，彻底地成为客观的第三方。深呼吸，从容地俯瞰两个人。

> 沟通不太顺利？

自己　　　　対方

③完全成为"対方"

> 虽然你很亲切，不过有些解释很难懂啊……

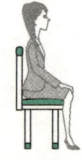 

自己　　　　対方

放下情感上的隔阂，坐在对方的椅子上，彻底成为对方。轻闭双眼，完全成为对方后，睁开双眼。然后，把自己的所想用语言传达给眼前的"你"。

Q 站在对方的立场上，你感觉到了什么？

④再次站在第三方的立场

然后，离开对方，再次站在第三方的立场俯瞰二人。

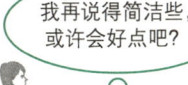

⑤再次完全成为"自己"

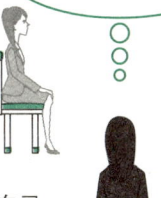

自己　　　　　　对方

自己　　　对方

闭上双眼，变成自己后，深呼吸，睁开双眼。然后，把刚才的感受和想传达给对方的内容转换成语言。通过站在对方立场思考，一定会有未曾想过的、未曾注意到的新发现。

准备两把椅子，试着改变坐的位置，会有身临其境的感觉。

Q 以上全部结束后，现在的你有什么感想？

技能 8　宽恕难以宽恕的人

要点　宽恕对方，压力会减轻，人际关系会得到改善

因领导印度民族独立运动而闻名的精神领袖圣雄甘地为消除印度和巴基斯坦的纷争，甚至绝食到濒临死亡的状态。他最终被一名顽固的印度教教徒暗杀。

在身中 3 发子弹后，甘地用手碰触自己的额头。据说这个动作意为"我宽恕你"。

作为常人，尽管我们可能无法达到甘地的境界，但是他身上体现出来的"宽恕"的意义有多重要，是不必特别强调的。

不论是谁，在过去的人生中都有无法宽恕的人吧？例如欺辱过自己的人、背叛过自己的人、昔日的恋人、对我们恶言相向的人等。

已故的渡边和子女士曾任圣母清心女子大学理事长，她在著作《静候绽放的时光》中这样写道：

"人的心意不能完全互通。因此，无论多么信赖对方，也不可以 100% 地信赖。信赖 98%，余下的 2% 作为预留，当对方做错事，宽恕他的时候使用吧。"

在人际关系中容易感到压力的人大多不擅长宽恕。然而，宽恕对方，自身压力就会减轻，人际关系也会趋向好转。为了我们自己，养成宽恕对方的习惯吧。

> 逸事
>
> **甘地说过："宽恕是自身强大的明证。"他在胸口中弹、濒死之际，仍然选择宽恕了对方。**
>
> 我们从甘地留下的名言中可以学到宽恕的强大力量。他说："软弱的人不懂得原谅，原谅是强大的证明。""我知道非暴力比暴力更好，原谅比起惩罚更需要强大的勇气和力量。"

> 我们来试试吧

如何宽恕难以宽恕的人

步骤1

思考可以感谢的事

> 很久以前因为工作方式不同，我们经常争论……
>
> 现在想来正是因为有那时的争论，我才得以进步！

> 谢谢你！

即便是情感上不能原谅的人，随着时间推移至今，试着在他身上寻找可以感谢的事情吧。

尽可能多地写出，从过去到现在那些自己无法原谅的人，以及不能原谅他们的原因和事件。时至今日，努力在他们身上寻找可以感谢的事。

步骤2

把回忆变得美好

想起不能原谅的人

那个人总在抱怨，真是差劲啊。

在明亮的背景下
换上好的表情

那个项目获得成功时，我们都超级高兴啊。

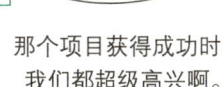

**试着在明亮的背景下，换上好的表情，
去回想那个不能原谅的人。**

想起某人时，背景的颜色、自己的表情会对情感上的好恶产生影响。将背景换成喜欢的亮色，换上好的表情，对讨厌的那个人的情感也会发生惊人的改变。

Q 宽恕那些人，对你有哪些好处呢？

技能 9　践行率先付出

 **要点** 思考如何付出，
去构筑更为丰富的人际关系

被信赖的人共同的特点是他们会率先付出。付出的有金钱、信赖、体贴、亲切感、倾听，不一而足。而且，他们不期待回报，对付出本身备感喜悦。

《犹太人大富翁的教导》（大和书房出版）的作者本田健先生曾经说过，世间的法则是"得到的只有付出的那么多"。这被称为"付出与回报"法则，但是回报未必马上就能得到。因此，"如果能以付出为中心进行思考，人际关系将会全面好转"。

社会心理学中有一个著名的回报法则：人在得到时，会产生回报的想法。试吃产品后，不购买会感觉不自在。如果不返还，人们会感觉不舒服。

只不过，这个法则的顺序很重要。选择做"先付出后得到的人"还是做"先得到后付出的人"，顺序不同人生会大不相同。

接下来，来看人际交往中能够给予对方的东西有哪些。感谢，体贴，珍惜对方的存在，关心，称赞，帮助，礼物，理解，微笑面

对，等等。毫不吝啬地付出这些的人，才能被人理解，被人珍视，得到帮助，被人感谢，才能构建更为丰富的人际关系。人际关系的充实与否将会大大影响人生的丰富程度。

> **逸事**
>
> 电影《让爱传出去》的主人公在践行"帮助3个人"计划的过程中，不断看到奇迹的发生，整个世界都在发生着改变。
>
> 11岁的主人公、少年崔佛在社会学课上被要求完成"从今天开始改变世界"的作业。他认为如果能"帮助3个人，让爱传递出去"，或许世界将不断被善意包围。实践的结果是，他发现世界产生了善意的连锁传递。

> 我们来试试吧

践行率先付出的方法

步骤 1

每天让 3 个人展露笑颜

在饭店里夸赞身边的人，也是让人展露笑颜的方法之一。

在公交车上让座，在工作中帮助对方，在饭店里称赞身边的人，无论事大事小，每天让 3 个人展露笑颜吧。

Q 你打算每天怎样做来让3个人展露笑容？

步骤2

提高热情

**定期观看会令人充满爱的影片，
牢记影片的精神。**

定期观看会令人充满爱的影片，让影片中的感人片段燃起自己内心的付出精神，永不忘记。

Q 看完会令人充满爱的影片，你有何感想？

技能 10　划出最适当的界线

 **要点** ▶ 通过适当的自我主张，划出界线，创造舒适的人际关系

有着"培训第一人"之称的塔伦·麦达纳在其著作《人生改造宣言》（税务会计协会出版）中讲述了一位名叫苏珊的女孩，她的人际关系紧张，人生不尽如人意。

"苏珊是零售店的销售助手，因为领导极其粗暴蛮横，她每天过着痛苦的生活。领导随意对部下发火、大声喊叫、倾泻愤怒，因为一点小错误，他就会对苏珊大喊大叫。同时，苏珊也因为操着一口中西部方言被同事们随意取笑。"

作者所说的便是失去了界线的例子。

所谓界线是指别人不能对自己做的事情，是保护自己，使自己处于最好状态的界线。

苏珊在心理培训师的建议下，决定"不再忍耐别人的大声斥责、别人的玩笑、别人的利用"，于是苏珊的一切立马发生了改变。同事们不再取笑她，朋友们不再利用她，人际关系也趋于好转。

界线是人际关系中，让自己生活舒适所必须设置的。比如，在深夜或凌晨接到来电，和别人约好时间却要苦等，对方不遵守交货

时间、出言不逊，这些都是没有维护好舒适界线的状态。这时，你有必要向对方提出自我主张，要求对方不可越界。

> **逸事**
>
> 苏珊因人际关系的烦恼未能过上理想的人生，当她决定划出人际交往界线后，人际关系马上趋向好转。
>
> 苏珊在心理咨询师的建议下，决定"不再忍耐别人的大声斥责、别人的玩笑、别人的利用"，于是苏珊的一切都发生了改变。同事们不再取笑她，朋友们不再利用她，人际关系随之趋于好转。

我们来试试吧 保持界线的方法

步骤1

思考你想与哪些人划出界线

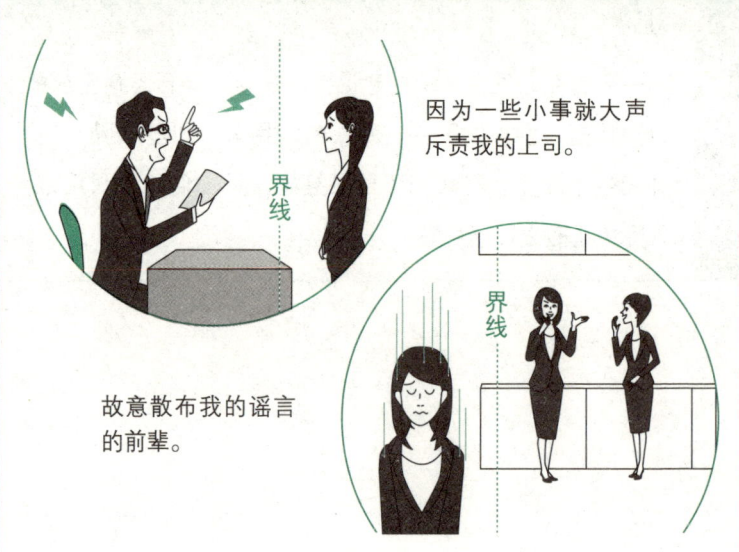

因为一些小事就大声斥责我的上司。

故意散布我的谣言的前辈。

试想是否有人在做你不能容忍的事情呢?

在构筑你期望的人际关系时,你希望别人做哪些事情?怎样做才符合自己的期望?

Q 现在所处的人际关系中,让你烦恼的事情是什么?

步骤2

思考表达方式并进行练习

感谢
表达日常的感谢，阐述这次学习的收获。

事实
阐述发生的事实，传达对方的话。

感情
因为这些，自己的心情产生了怎样的变化？

提案
说出解决方案，希望对方下次这样做。

效果
最终会有怎样的好处？

练习时，用录音机录音，提高表达信心！

接下来，要求对方不要越界。为此，重要的是向对方表达上述5个内容，告诉对方"我希望你这样做"。可以反复练习，以便在实际运用中顺利地向对方表达出来。

Q 你打算怎样告诉对方不要越界？

第 2 个习惯
改变看法而非别人

总　结

技能 6 为人际关系感到烦恼时

▶ 多视角思考，接受差异，
做到客观地审视、接纳不同

技能 7 特别讨厌某人时

▶ 站在自己、第三方和对方的
立场，按顺序练习思考

技能 8 无法原谅某人时

▶ 思考可以感谢的事，
将记忆中的坏印象变为好印象

技能 9 想构建丰富的人际关系时

▶ 每天让 3 个人展露笑颜，
引发相互体谅的连锁反应

技能 10 没能保持适当的界线时

▶ 思考如何保持界线，
练习向对方表达

第3个习惯

彻底地具体化

> 难题要分开解决。
> ——法国哲学家 勒内·笛卡尔

养成第3个习惯的技能

11 写下负面情绪
12 战胜鬼屋法则
13 分析事实和根据
14 将一切数值化
15 着眼于解决方案而非问题本身

技能 11 写下负面情绪

要点 **写下负面情绪，客观地远眺自己**

心理学家詹姆斯·彭尼贝克曾做过一个实验，让大学生将心里的创伤写在作文中（出自《走出心灵荒野：用表达性写作摆脱孤独与迷茫》）。

数周后，调查发现，那些写了作文的学生比没有写作文的学生心情更轻松。具体呈现以下3个变化：

①通过书写，他们意识到自己可以战胜创伤，结果不再害怕负面情绪。

②意识到自己的烦恼和不快并非多到数不清，同时认为这些困难一定可以解决。

③能客观地看待困难，认为那种伤心的经历不是大问题，并开始思考怎样解决。

如果没有"彻底具体化"的思维习惯，人会焦虑、莫名不安、心情不平静，情绪往往会出现雪崩式的恶性循环。

通过书写，我们能客观地观望自己的情绪，想出解决办法。

> 逸事
>
> 据说足球选手长友佑都会将焦虑的情绪记录在"心灵笔记"上，通过回顾审视，以诫勉自己。
>
> 著名的长友佑都，不仅有着超凡的技术，在情绪管理上也优于其他选手。据说为做心理修复，他有记录"心灵笔记"的习惯。平日通过写下当天的心情、状态，控制自身的情绪。

我们来试试吧 书写不快的方法

步骤1

写下自己的心情，尝试反驳

写下自己真实的心情，思考如何反驳。

尝试写下内心所有真实的声音，勇敢地反驳这些声音，借此拓宽自己的眼界。

Q 请写下你现在的真实情感。

步骤2

对模糊的情绪进行因子分解

原因①
有太多文件要提交。

原因②
最近领导总是情绪不好。

原因③
因为夏天的节电措施,办公室里太热。

心情莫名郁闷时,
采用因子分解,具体思考这些情绪产生的原因。

不要任由"莫名郁闷"的情绪蔓延,尝试写出具体原因。心情轻松起来,解决方法自然就会浮现出来。

Q 产生那种心情的要素是什么?

技能 12　战胜鬼屋法则

要点　通过模拟实验，许多不安的感觉是能够克服的

稍稍转换一下话题，请问你觉得为什么鬼屋很可怕？

那是因为我们不知道进入后将会发生什么，将会出现什么。如果两次进入同一座鬼屋，70%以上的人都不会再感到害怕。

我将这种现象称为"鬼屋法则"。人们对不懂的、不了解的、无法预测的事物会感到恐惧。

无论是谁，对于"第一次……"，都会感到不安和恐惧，比如第一次工作拜访、第一次接听业务电话等。但是事情结束再回头看，就会觉得"没必要那么害怕"。莫名的不安和恐惧会变身为恶魔，折磨着我们。

我所经营的小公司，80%的业务因为地震和核泄漏遭遇撤单。"今后该何去何从"，越往下想就越感到恐惧和不安。

针对这种情况，我决定用具体的数字进行模拟预测。打开Excel软件，输入数字，设想了各种状况，并思考了相应的对策："假设营业额减少30%，该如何应对？""作为紧急应对策略，我该怎么做？"

这样进行具体的模拟预测后，心中大部分不安的感觉都会消失。

或许更为准确地说，通过实际的模拟对照，心中莫名的不安就能变成实际的可以应对的不安了。

> **逸事**
>
> 　　雷克森·格雷西被誉为综合格斗技术的"最强战士"，据说他为克服比赛恐惧，会预先了解对手。
>
> 　　在其著作中，格雷西说道："人们之所以害怕，大多是因为'不了解'。恐惧会在了解时自然消失。所以，克服恐惧最重要的方法，是切实了解自己的恐惧来自哪里。"

> 我们来试试吧

战胜鬼屋法则的方法

步骤1

进行最完全的模拟

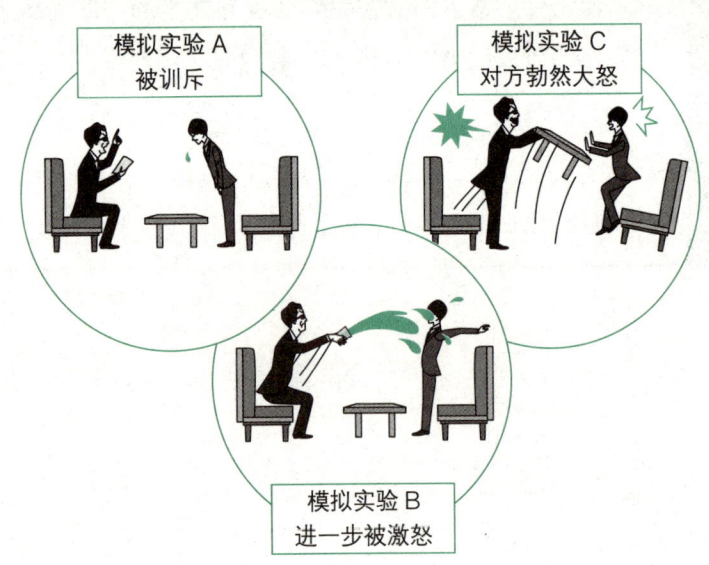

模拟实验 A
被训斥

模拟实验 C
对方勃然大怒

模拟实验 B
进一步被激怒

**对于第一次洽谈深感不安时，
请尝试提前预测事态，思考对策。**

请假设3个模式来预测未知的未来。很快，莫名的恐惧感就会减轻，什么是自己能做的、什么是不能做的会变得更加清晰。

Q 你的恐惧和不安的本来面目是什么？

步骤2

提前搜集信息

**如果对初次见面的人感到害怕，
可以提前咨询对方身边的人，提前搜集信息。**

如果对初次见面的人感到害怕，建议你提前向对方身边的人多做咨询、搜集信息。如果对初次做的工作感到不安，那么向有经验的人请教是十分有效的。

Q 如何做到把未知的信息变为可以预测和已知的信息呢？

技能 13 分析事实和根据

> **要点** 分析事实和根据,
> 将注意力集中到能够解决问题的行动上

当我们被不安驱使时,无论是处理人际关系还是自我评价,大多会在毫无事实依据的情况下制造主观臆想。

可以说,这种情况如同都市传说和预言现象一样,信息在毫无事实依据的情况下不胫而走。究其原因就在于人们极其不安和恐惧的心理。

举个例子,在日本,人们曾一度相信"喝可乐会销蚀骨骼",背后正是人们担心有损健康的恐惧感和不安心理在作祟。这就如同占卜者过度解读占卜师的只言片语,导致自己的不安持续膨胀扩大。

大脑具有轻易相信、盲目解释信息的特性。

正是因为这样的毫无根据、悲观的预测,人们就更难以摆脱消极情绪。基于此,养成有意识地区分什么是事实、什么是人们的解读的习惯,是十分有效的。

实际上,不安和担心并非都是坏事。积极的不安和担心会促使人觉察风险、未雨绸缪、提前应对。相反,消极的不安和担心只会让人的情感盲目先行，无法采取行动，找不到解决方案，徒然痛心而已。

隐约感到不安和担心时，通过查找根据可以有效地摆脱消极情绪。例如，如果觉得公司可能会破产，只要看一下财务数据就会知晓公司的经营状况。

分析事实和根据，对扭转不安的心态是十分重要的。

> **逸事**
>
> 在日本，人们深信法国医生、占星师诺查丹玛斯的地球毁灭说；而在法国，却无人知道这则预言。
>
> 1973年，某本书中提及"诺查丹玛斯大预言"，即预言"1999年7月地球将要毁灭"，之后这则预言在日本火速传播开来。但实际上，400年前写就的原著包括许多虚构的内容，在法国当地的街头采访中，竟无人知晓这个预言。

分析事实和根据的方法

我们来试试吧

步骤1

将解读和事实区别思考

有意识地想一想
自己是否在毫无事实依据的情况下进行主观臆想了呢。

　　领导心情糟糕有时或许原因不在自己身上。要尽量避免武断地认定"领导讨厌我",要养成区别思考的习惯,判断哪些是事实,哪些是过度的解读。

Q 让你感觉被人讨厌的事和事实是什么？

步骤2

查找根据

隐约的不安
最近身体不好，如果不查明原因，会更加寝食难安。

查找根据
进行细致的检查，查找到病因，便能积极地接受治疗。

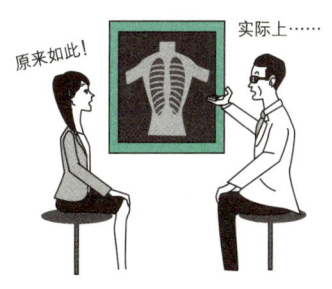

如果莫名感到不安和担心，通过查找事实根据，会让你变得积极。

如果认为自己可能生病了，就去医院接受检查找出根据，这样不安和担心就不会过度膨胀，自己的想法也会变得正向积极。

Q 你担心的根据是什么？

技能 14 将一切数值化

要点 采用数值衡量,将不确定的不安感变得更具体、可应对

人一旦感到不安,眼界就会变得狭窄,导致一叶障目不见泰山。越是在不希望发生的事情上,以及感觉恐惧的事情上,这种倾向就体现得越明显。

这时,我们需要将感觉上的东西数值化,使之变得更具体,更具有可操作性。

例如,据说坐飞机遭遇事故的概率是 0.0009%(美国运输安全委员会的调查数据)。即 1 亿次中只有 9 次发生事故的可能。用我们熟悉的例子来说,这个概率是 304 年中每天乘坐飞机,会有 1 次遭遇事故。

再比如,有人担心公司破产自己会失业。这种担心如果采用公司破产率 × 再就业率加以计算,就会变得具体了。

据统计,普通公司 1 年内的破产率为 0.58%。截止到退休,以工作时间为 20 年进行计算,今后自己所在公司的破产率为 11.6%。男女综合的平均再就业率为 50%,相乘就约是 6%。

不同的人对这组数字的解读会有所不同,但了解其概率后,不安的感觉确实发生了改变。好像做得不太好，仿佛进展得不顺利，这种模糊的感觉是压力产生的主要原因。

基于此，你可以问自己："现在完成了百分之几？""进展到了几成？"如果进展到了三成，你就能切实地感觉到工作在进展，同时也会明确地知道余下还有七成要做。

为了让事物更加明确、具体，请尝试采用数值衡量吧。

> 逸事
>
> 笔者曾经担心潜水时遭遇鲨鱼攻击该怎么办。不过在了解到海里遭遇食人鲨的概率数值后，不安感彻底得到了解除。
>
> 自从小时候看过电影《大白鲨》后，笔者就对大海十分恐惧，但又十分想去深海潜水。强忍着害羞，试着跟潜水学校教练坦白了自己的不安，结果得知其概率不到千分之一，不安感随即就消除了。

采用数值具体思考的方法

我们来试试吧

步骤1

将不安的主要原因用数值衡量

姑且先写材料，不安的感觉减少了。
不安指数60%

重复进行彩排后，不安的感觉降到最低。
不安指数10%

被安排阐述非常重要的企划，深感不安。
不安指数90%

用数值衡量情感，了解做什么，能够很大程度地消除不安的感觉。

包括不安和恐惧感在内的所有情感均有不同的程度，仅靠语言是无法比较和测定情感变化的。

Q 你的不安和担心真正变为现实的概率有百分之几？

步骤2

用数值衡量完成度、进度

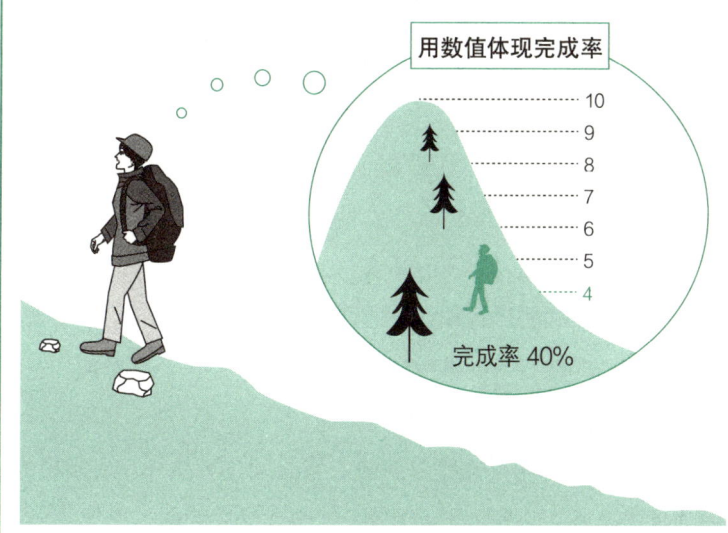

用数值确认进展情况，
可以明确今后该如何采取行动。

"现在，完成了百分之几？"采用自问的方式，你会实际感觉到工作在推进，也会明白余下该做的事。

Q 依现状来看，你的工作进展到了几成？

技能 15　着眼于解决方案而非问题本身

要点　寻找解决方案、采取行动，会产生积极正向的良性循环

分析问题并非坏事，但思考问题时在头脑中不断地重复"哪里不行""是谁的责任""有什么不足"则是错误的。

如果持续聚焦问题本身，不安和担心的情绪便会随之出现。在未找到解决方案和拿出行动计划的情况下，无处安放的不安和担心会折磨着你。这时，不要再对失败和烦恼耿耿于怀，要将关注点彻底集中到问题的解决方案上来。

当然，这样思考的前提是解决方案必须是可执行、可实现的。在此前提下思考，会生出无限的创意，进而解决问题。

假如你生了病，而这种疾病无法治愈，你该怎么办？你会在无处安放的不安和恐惧中痛苦地生活吧？

相反，就算罹患重大疾病，如果有药可救，对你来说余下的就是积极努力地进行治疗。就算不知道能否痊愈，是否能有所行动会有很大的不同。

一旦找到解决方案并开始行动，人会不可思议地变得更积极。在行动中会有新的启发，行动热情也会更加高涨。

所以，请时常问自己该怎么做，养成思考解决方案的思维习惯吧。

> **逸事**
>
> 经历多种挑战的创业家泽田秀雄先生最著名的口号是："去思考怎样做，而不是能不能。"
>
> 泽田秀雄先生创造了许多投资神话，包括创建了日本国际廉价机票服务公司先驱的 HIS 国际旅行社，以重新定义机票价格为目标的日本第四大航空公司天马航空（Skymark），重建了持续 18 年赤字的长崎县豪斯登堡主题公园，并实现入场人数骤增。他的这个口号充满了挑战精神。

| 我们来试试吧 | **着眼于解决方案而非问题本身的方法**

步骤1

写出具体的问题

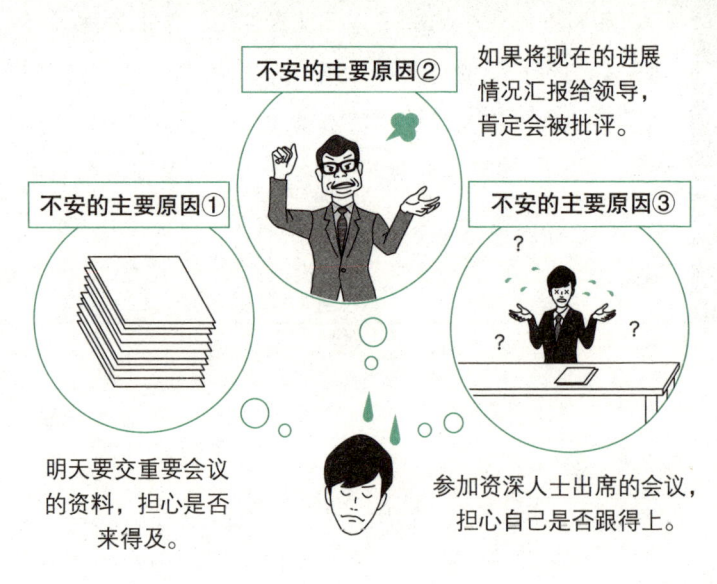

**莫名感到不安和担心时，
尝试具体写出产生不安的主要原因。**

莫名感到不安和担心，心绪烦乱时，请把这些烦恼写在纸上。通过情感因子分析，来思考后续的对策。

步骤2

思考解决对策，制订行动计划

向领导汇报时，同时汇报进展滞后的原因和应对对策！

解决对策①　首先计算资料写作的时间并思考对策！

解决对策②　汇报

解决对策③　不明白的地方，悄悄地向身边的前辈请教！

思考怎样消除不安产生的原因，制订行动计划。

接下来，思考解决对策，排出各自的优先顺序，具体思考每项工作所需的时间。只要制订出行动计划，模糊的感觉就会消失，不安和担心的感觉也会减少。

Q 具体按照怎样的日程去推进行动呢？

第 3 个习惯
彻底地具体化

总　结

技能 11 被消极情绪烦扰时

▶ **写下真实的心情，
明确产生模糊情绪的原因**

技能 12 对于第一次做的事，深感不安和恐惧时

▶ **进行彻底且具体的预测，
重复进行彩排**

技能 13 没有基于事实依据进行了悲观的预测时

▶ **区分事实与解读，
寻找依据**

技能 14 被莫名的不安干扰时

▶ **用数值衡量不安的程度和
工作进度**

技能 15 被无处安放的不安折磨时

▶ **具体明确不安的构成要素，
思考解决问题的行动计划**

第 4 个习惯

从各种视角来看问题

> 人生近看是悲剧，远看是喜剧。
> ——英国喜剧大师 查理·卓别林

养成第 4 个习惯的技能

16 从远处眺望自己
17 彻底成为自己尊敬的人
18 尝试与活得更艰难的人比较
19 俯瞰时间的长轴
20 从悲观、乐观和现实的角度进行预测

技能 16　从远处眺望自己

要点　客观地审视自己，能够减轻压力

人在强烈情感的冲击下，眼界会变得极端狭窄，被不安和恐惧吞噬。如果过多地被这一瞬间的情感牵扯，就不能客观地审视漫长人生中的无数个瞬间。

如果能从外部眺望自己，不安和压力就会明显减轻。不安和压力确确实实地存在于现在这一瞬间的自己身上。

从客观的视角眺望自己，是超一流人物共同使用的思维技巧。棒球名宿铃木一朗在大联盟能长年保持优秀战绩的一个主要原因，毋庸置疑是他卓越的情感掌控技术。据说一朗被巨大压力和消极想法击中、完全不在状态时，正是决赛中的决定性时刻。

谈及此事时，一朗说就在那时，他进行了个人实况直播。所谓个人实况直播，即通过客观的视角创造冷静的自己。

柔术比赛连续保持400场不败纪录的雷克森·格雷西也曾说过："战斗时有3个我。柔术台上的我，台边的我，还有一个从天花板向下俯瞰的我。"

跳出自己，客观而冷静地凝望自己，这是正向积极思考的人都具有的思考视角。

> **逸事**
>
> **棒球名宿铃木一朗在世界棒球经典赛（WBC）决赛的紧要关头，通过个人实况直播保持了冷静。**
>
> 虽然在大联盟中长年保持着优秀战绩，棒球名将一朗竟然也会在决赛的关键时刻产生巨大压力！不过，他通过个人实况直播保持了冷静，最终取得了成功。

我们来试试吧

从远处眺望自己的方法

步骤1

尝试进行个人实况直播

**身处艰难时刻，
试着站在第三方的立场来解说自己所处的状况。**

　　解说时主语不要用"我"，要用自己的名字。这样可以较为容易地站在客观的视角。

Q 如果实况转播你所处的状况，你会用什么样的台词？

步骤2

思考如果朋友碰到同样的麻烦……

朋友陷入与自己同样的状况，处于危机时刻，你会给他怎样的建议？

**假设朋友陷入同样的状况，
想想你会给他怎样的建议。**

把自己的情况、所处的环境、发生的事转移到他人身上，就能客观地眺望自己。

Q 如果你的朋友处于同样的状况，你给他怎样的建议？

技能 17 彻底成为自己尊敬的人

要点 **彻底成为自己尊敬的人，寻找打破僵局的对策**

人无论处于何种状况，都具有解决问题的思考能力。因为改变想法，就会找到打破僵局的对策。

改变视角的方法之一，便是彻底成为自己渴望成为的那个人，站到他的立场思考。心理学称之为"示范法"，在价值观层面彻底成为那个人，就能用对方的方式去思考。

人在既有的思考和思维模式下，一旦认定自己不知道，自己不懂，就会停止思考。因此，有必要对自己提出的问题做出质的改变。

例如，松下电器社长中村邦夫先生通过经营改革，使得企业业绩触底反弹，因而闻名于世。他说自己是在松下主义的导引下进行了经营改革。

在废除终身雇佣制、变更公司名称的时候，想必也招致了许多人的反对，想必他本人内心也有诸多的挣扎。据说在这个时候，中村社长是这样想的："如果换成松下幸之助先生本人，会怎样思考呢？"

就这样，中村社长完全成为公司创始人展开思考，在继承松下精神的同时，进行了大胆的经营改革。

身处高压状态，人的眼界会变得狭窄，不会萌发出好的创意。当身陷困境时，彻底成为自己尊敬的人，只要从大的视角、不同的角度审视事物，心情变得轻松后，就会自然而然地找到解决对策。

> **逸事**
>
> 松下集团的中村邦夫先生彻底成为公司创始人松下幸之助社长后，推行了危机下的改革。
>
> 中村邦夫社长将松下电器产业更名为"Panasonic"，松下电工完全变为子公司，废除了世袭制度，着手大胆地裁员，成功使业绩触底反弹、扭亏为盈。据说中村社长改变思考立场，试想"如果是松下幸之助先生本人，会怎样思考呢"，于是在沿袭松下精神的同时，推进完成了经营改革。

| 我们来试试吧 | # 如何彻底成为自己尊敬的人 |

步骤1

列出名单，写出自己尊敬的人

在头脑中想象自己尊敬的人，如果身处自己所处的状况，会怎么办？

根据情况的不同，选择变身为不同的人，会产生不同的效果。列出10个以上自己尊敬的名人或身边的人。接着把自己置换成那个人，思考他会怎么办。

Q 你所尊敬的10个人是谁呢？

步骤2

召开"贤人会议"

在想象中召开一个自己尊敬的人出席的会议，让他们进行讨论，做好会议记录。

集合几位自己尊敬的人物，尝试召开一个想象中的"贤人会议"。开会时，将参加人员的发言记录下来，会议进行到15分钟左右，好的创意和灵感就会产生。

Q 如果是你尊敬的人，会如何应对现在的状况？

技能 18　尝试与活得更艰难的人比较

要点　与活得更艰难的人比较，会得到战胜逆境的勇气

伟人的传说逸事会给人以勇气，改变我们对事物的看法。看到书中、电视里那些有过卓绝体验，穿越逆境的人，我们会产生无畏的勇气，那是通过比较而产生的感觉。

从自己的角度，只能看到自己现在的状况，只能看到巨大的逆境，但通过与更艰难的人对比，你会觉得这些都是小事。

人不会通过独立的个体去判断事物，而是通过对比来理解事物。简单来说就是，你想知道和平就想象战争，想知道真爱就想象背叛，生对应死，健康对应疾病，这样想才能达到真正的理解。

人的大脑经常通过对比解释事物。基于此，如果当下的状况和过去的经历对比，让你感觉有困难，就请你改变比较的基准。

改变比较的基准最有效的方式是读书。我有 30 本自我激励的书籍，陷入消极思考的时候阅读这些书籍，心情会轻快起来，同时也会产生应对困难的勇气。优秀读物是改变视角的有效工具。除此之外，电视和电影也是很好的刺激工具。

倾听上司和前辈战胜逆境的体验也是不错的。有别于历史上的伟人，身边的人物可以让我们更为具体、直接地倾听。如果与他们的工作和所处环境相同，就更易于与自身做比较。

> **逸事**
>
> **青森县果农木村秋则，在无农药栽培技术未取得成功之前，曾经历过极度的痛苦，甚至考虑过自杀。**
>
> 木村先生的无农药苹果问世后极受欢迎，每年在高级酒店供不应求。但从以前的业界常识来看，苹果的无农药栽培是不可能实现的技术。持续多年的失败使得他陷入赤贫，绝望至极甚至想要自杀。自杀时却偶然得到了巨大的灵感，在坚持到第八个年头的时候，终获成功。

> 我们来试试吧

通过比较获得勇气的方法

步骤1

列出自我励志书单和影片名单

通过电影或书籍了解伟人的生平逸事，将其活用为自我激励的工具。

陷入消极情绪时，要阅读自我激励的图书，观看励志的影片，如《奇迹的苹果》《洛奇》等。看完你会心情轻松，同时也会生出勇气。

Q 给你激励的故事有哪些？

步骤2
倾听身边人的体验

**身边人的逆境体验，
给人的感觉更具体也更容易进行比较。**

多多聆听领导和前辈走出逆境的体验也是好的。有别于历史上的伟人，他们的故事更为具体、直接。如果与他们的工作和所处的环境相同，就更易于与自身做比较。

Q 怎样养成寻找励志故事的习惯呢？

技能 19 俯瞰时间的长轴

 **即便遭遇困境，站在时间的长轴上，也可以冷静而客观地俯瞰事态**

俯瞰时间的长轴也会让我们保持自身的冷静和客观。

与棒球名宿铃木一朗先生客观地从外部审视自己的做法有所不同，将棋棋士羽生善治则通过俯瞰时间的长轴来把握现在。

1996年，羽生棋士成为史上第一位夺得七冠王的将棋棋士。总计获得头衔数超过传说中的大山康晴，成为历代棋士第一名。最难得的是他连续22年持续保持头衔，不愧为在世的传奇棋士。

据说羽生棋士认为，棋士生涯既有胜利也有失利，需要在该沉淀的时刻沉淀下来，从漫长的将棋人生视角去看待某一次个别的失利。

戴尔·卡耐基在著作《如何停止忧虑，开创人生》中，把俯瞰时间比喻成"改变心灵相机的焦距"。

如果能把焦距移开1年、3年、10年、30年，采用广角镜头凝望现在这个瞬间，就能拥有羽生先生那样的想法。

顺便说一下，据说曾是日本纳税额最高的实业家的斋藤一人先生在做演讲时，会向现场听众提问："你们当中有谁还能想起一年前的苦恼？请举手。"而举手的人寥寥无几。

一年后再回顾现在的烦恼，大多烦恼只是一时的、不值一提的。

> **逸事**
>
> 　　将棋名士羽生善治把个别的失利投放于漫长的将棋人生中，通过这个视角评价失利，从而做到保持平常心。
>
> 　　被誉为"在世的传奇棋士"，长期保持王者头衔的羽生善治，也有连续失利陷入低迷的时候。低迷时，据说他会站在时间的长轴上评价现在，认为"胜也好败也好"，最终在该沉淀的时刻沉淀下来。

俯瞰时间的长轴的方法

从10分钟后、10个月后、10年后的视角出发，重新审视现在的自己

刚刚被甩

现在

仍处在绝望的深渊

10分钟后

Q 用10分钟后、10个月后、10年后的视角看你现在的状态是怎样的？

就算失恋，心情跌到谷底，尝试从 10 分钟后、10 个月后、10 年后的视角去思考，也许能找到光明。

Q 如果10年后的你站在身边，会对现在的自己说些什么？

技能 20　从悲观、乐观和现实的角度进行预测

做重大决定时，采取三级跳式的思考方式，可以冷静预测现实的边界

面对带有风险的挑战，是怀有希望还是焦虑，很大程度上直接影响着人们的行动。

只不过，盲目乐观和过于悲观都会判断失误。因此，冷静预测现实边界是十分重要的。

内心充满犹豫和矛盾而无法决断时，可以进行三级跳式的思考，预测"最坏的状态""最好的状态"和"现实中可能发生的状态"。

首先，预测"最坏的状态"。人们无意识地会想象最坏的状态，是因为想守护安全感和安心感。大脑发出指令，要求对此有所防备。因此，请首先尝试悲观论。如果能确定恐惧的极限，我们也就能面对最严峻的状态。

接下来，预测可能达到的"最好状态"。即如果乐观地看，事情会是什么状态。这时，重要的是不要过于乐观，也没必要给想象设限。请放飞想法，以乐观主义者的姿态去思考。

在想法触碰悲观、乐观的两极后，再思考"现实中可能发生

的状态"。既可以站在现实主义者的立场思考，也可以跳到一年后，站在那时自己的角度回顾现在。

站在 3 个视角冷静思考，现实地预测未来，做出该有的决断。

> 逸事
>
> 犹豫是否要创业的客户，在思考了"最坏、最好、现实"的状态后，最后选择了低风险的那条路。
>
> 想要创业却遭到周围人的反对，客户的焦虑加剧。我让他设想最坏状态、最好状态和现实中可能发生的状态，经过思考他最终选择了低风险的事业。

悲观、乐观和现实的思考方式

我们来试试吧

步骤 1

预测最坏的状态

存款见底儿，让家人遭罪

预测最坏的状态，可以探测恐惧的底线，直面真实情况。

步骤 2

预测最好的状态

拥有许多客户，年收入增至5倍

放飞想法，站在乐观主义者的角度，思考能想到的最好的状态。

步骤 3

预测现实的状态

销售额不高，依然艰难前行

最后思考现实中可能发生的状态。采用三级跳式的思考方式，现实地预测未来。

Q 10分钟后、10个月后、10年后，你会怎样看待现在所处的状态？

Q 现实地预测未来，会是什么样子？

第 4 个习惯
从各种视角来看问题

总　结

技能 16　被强烈的不安和压力袭击时

▶ 进行个人实况直播，
从客观的角度审视现状

技能 17　压力导致眼界变得狭窄时

▶ 通过想象，将自己变成尊敬的人，
召开"贤人会议"

技能 18　感觉身处巨大的逆境时

▶ 了解伟人和身边人身处逆境时的励志故事，
与自身相对比，从中获得勇气

技能 19　遭遇痛苦、身处绝望的谷底时

▶ 从 10 分钟后、10 个月后、
10 年后的视角思考、俯瞰人生

技能 20　因为风险，不能断然进行挑战时

▶ 按顺序预测最坏的状态、最好的状态、
现实中可能发生的状态，最后现实地预测未来

我们无法改变过去和别人,但可以改变未来和自己。

——美国心理学家 艾瑞克·伯恩

第5个习惯

专注于能做的事

养成第5个习惯的技能

21 专注于过程而非结果
22 区分能与不能
23 制定备用方案
24 消除行动的阻碍
25 以婴儿步伐开始行动

技能 21 专注于过程而非结果

要点 专注于现在能做的事,摆脱消极思考

快速摆脱负面情绪的人具有专注于过程的思维习惯。

心外科专家天野笃医生为日本天皇做完心脏搭桥手术后说:"我按照一般的方式做了一个普通的手术,其结果自然也是正常的结果。"

手术成功率98%,被誉为天才外科医生的天野笃医生,要为天皇进行手术,其压力之大超乎想象。

从天野医生的话中可以看出,他完全做到了如常专注的、正确的手术过程。

越是业绩不好的销售人员越关注业绩冲不上去的结果,对经济形势和公司方针满腹牢骚、尽是不满。相反,优秀的销售人员不仅关注结果,更能有意识地专注于自己的行动过程(拜访的客户数、提案的质量和提案次数)。越是没有成果的时候,越能心境淡泊地专注于行动。

对成果感到痛苦时,要将注意力集中到能做的事情(过程)上来。

马拉松选手高桥尚子说过:"在没有什么花开的严寒,就把根不停地往下延伸,不久就能枝繁叶茂。"

或许有人会问,"专注于过程而非结果",是说可以不重视结果吗?答案并非如此。我们要以取得结果为前提,采取行动后,就要专注于过程中的每一步。

> **逸事**
>
> 体操运动员内村航平在奥运会团体比赛中多次失利,于是他转换心态,只做自己该做的事,最终获得了个人项目的成功。
>
> 内村有着卓越的心理管理才能,关键时刻及时调整心态,为日本赢得了时隔 28 年的一枚个人全能金牌。"做该做的工作。结果如何就只有面对了。"这种想法正是专注于过程而非结果的思考方式。

专注于过程的方法

我们来试试吧

步骤1

设定理想的目标

理想的目标

销售额

销售业绩一年后能提升5倍就太好啦……

比如把努力工作争取得到更多的大额订单作为理想的目标。

　　尝试设定最理想的状态,而不是满足于解决问题的状态。将目标设定为最理想的状态,过程的质量就会提高。

Q 你希望达到的理想目标是什么?

步骤2

具体思考过程

实现目标的过程

×10   ×5

想要实现 5 倍的销售业绩，必须要有 10 倍的新订单，交出 5 倍的企划提案！

思考为实现理想的目标，需要做哪些，应该做哪些。

思考为实现理想的目标，需要做哪些，应该做哪些。尽可能用数字明确目标。

Q 为实现目标你能做的是什么？

技能 22 区分能与不能

 **要点** 辨别事情可控与否,就能无压力地专注于自己能做的事情

一般来说,可控的是自己和事情的原因,不可控的是他人和结果。

牢骚和不满是在人们思考无法改变的事情时产生的。无论工作还是生活,并非一切都能如己所愿、可以控制,因此能做的和做不到的事就自然而然地混到了一起。

如果养成准确区分能与不能的思维习惯,自己的思考焦点便能自由调整。

以失恋后想要复合为例。一旦失恋,人就会沉浸在绝望中,认为复合无望,意欲放弃。那么请问,这时你做不到的是什么?

"改变对方的心意""是否能够复合",这些是自己无法控制的,但你能做的是"重新表达自己的想法""打电话或者写信向对方表达自己真实的情感"。

确定自己能做的事情之后,就要付诸行动。行动后,事情会出现新的发展。只思考不行动,无论好与坏,事情都是不会有任何进展的。

如果你专注于自己能做的部分，对那些无法直接改变的部分也会产生良性刺激，比如对方的心意和恋爱的结果等。

总之，埋头去做自己能做的事情吧！

> **逸事**
>
> 　　笔者在毕业刚入职时就被调换工作，跌到了失意的谷底。但在专注地去做自己可以控制的事情后，最终完成了壮举。
>
> 　　笔者因业绩不好，被调职去做店内售货员。当时总是关注自己无法改变的事，因而压力巨大。但在区分自己可以控制的事和不可控制的事情之后，拼命地努力，结果完成了连续两个月销售额第一的壮举。

区分能与不能的方法

我们来试试吧

步骤1

分别写下能做的事和做不到的事

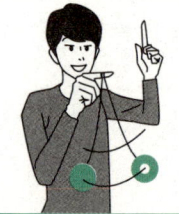

做不到的事
勉为其难地去改变对方的心意是不行的。

能做的事
写信告诉对方自己的心意!

**想要复合,
即便无法改变对方的心意,
依然可以用书信向对方表达自己的想法。**

失恋后想要复合,不应自我放弃地沉浸在绝望之中,而应该思考自己能做的事,比如重新表达自己的想法等。

Q 在现在的状态下,你能做的事和做不到的事分别是什么?

步骤2

做自己能做的事

能做的事①
通过书信传达自己的心意。

能做的事②
打电话直接表达自己的心情。

确定自己能做的,之后要付诸行动。
行动后事情就会有新进展。

  如果只停留在思考层面而不采取行动,事情无论好坏,都不会有任何进展。如果能用书信和电话传情达意的话,就真诚地表达,至于结果就听凭对方的想法吧。

Q 你想在什么时间,按照怎样的顺序去做自己能做的事?

技能 23 制定备用方案

 **制定备用方案，以便冷静应对不可预测的事情**

人生当中或许会发生大的变故，如疾病和公司破产等。

我们不能选择无视这些无法预测、无法控制的意外，而应提前制定备用方案，以防万一。如此一来，遇事方可不慌不乱、冷静应对。

假设，你是某家公司的经营管理者。

公司 80% 的营业额靠两家客户支撑。如果其中一家不再续约，那么你公司的处境会非常危险。因为对方公司不知何时会陷入经营不善或者破产。同时也存在与负责人关系恶化被取消订单的风险。

"如果一家公司撤单会损失 40% 的销售额，那时我们该怎么办？"提前思考应对办法，这就是所谓的备用方案。

优秀的经营管理者会提前思考预备方案。如提前开发新的客户、寻找筹措资金、改变雇用方式等。

你的人生也有必要提前准备好备用方案。

想想"如果突然被解雇怎么办""如果突然患病不能工作了怎

么办""如果遭遇丈夫背叛不得不离婚怎么办"。

人生风云变化，前路莫测，无从知晓下一秒是光明还是黑暗。有必要提前制定备用方案来应对人生的黑暗。

> **逸事**
>
> 　　东日本大地震暴露了日本风险应对策略的薄弱。相反，美国从指挥命令系统到行动守则，具备完整的危机管理体系。
>
> 　　濒临危机时，日本社会充满恐慌、无所适从，事态不断恶化。天灾的发生不可控制，因此有必要制定应对策略以防万一。

> 我们来试试吧

制定备用方案的方法

步骤1

想象可能发生的不幸

可能发生的不幸

某天突然被解雇。

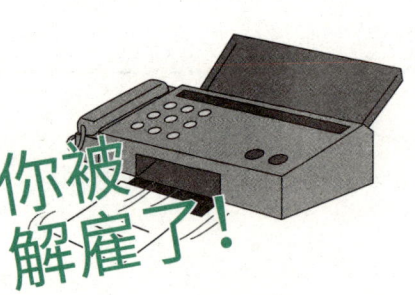

**离婚或失业，
试想人生中可能发生的不幸，思考对策。**

人生有很多可能发生的风险。制定方案，考虑万一真的发生，将怎样对应。

Q 你的人生可能发生的风险是什么？

步骤2

提前思考3个方案

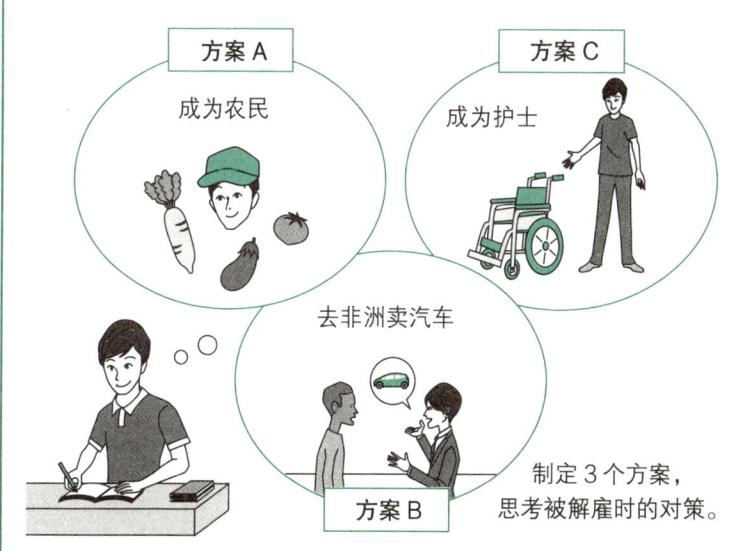

制定3个方案，
思考被解雇时的对策。

**制定多个应对方案，
培养学习的习惯，做好防备工作。**

试着想出与步骤1中方案的方向和出发点完全不同的3个方案。明确方案后，就开始着手准备吧！

Q 与意外状况相对应的3个解决方案是什么？

技能 24　消除行动的阻碍

要点 向自己未曾体验过、
存在风险的事发起挑战，
能够提高自己的能力，让自己成长

为什么很多人面对风险，无法果断采取行动呢？

这可以用心理存在的两个地带进行解释。

一是舒适区，即所谓的安全地带。做自己会做、经历过的事，去见认识的人，这些是舒适区内的事情。

二是风险区，即危险地带。做未曾做过、未曾经历过的事，去见未曾谋面的人，这些事情会让人感觉到风险。

人们会本能地避开风险，谋求安心感和安全感。但另一方面，成长又要求我们必须走进风险区。工作中如果避开挑战和风险，必然不能取得成功。而没有成长，不能提高自身能力，人就无法生存。

限制我们走进风险区的想法有："反正做也没什么意义""对我来说很难""我怕失败""我不做总会有人去做"……刚要采取行动就有了借口，自然会阻碍行动。

基于此，为了迈出第一步，有必要消除这些心理阻碍。

有效的方法是，写出迟迟无法付诸行动的事，查找其背后的借口和心理疑虑，一一加以反驳。最后，有了付诸行动的精神准备，心理的阻碍就可以消除了。

> **逸事**
>
> **保圣那集团的南部靖之总裁极其富有行动力，能将心中所想马上付诸行动。**
>
> 身为大型人才派遣公司保圣那的创始人，南部总裁极具行动力，他在大学未毕业前便开始创业；想与美国总统成为朋友，便通过朋友介绍，最终与总统一同进餐。其名言是："人总是有干劲的。在短暂的人生中，比起不做而后悔，不如做了再后悔。"

我们来试试吧 **消除行动的阻碍的方法**

步骤1

写出迟迟不能付诸行动的事

想想自己迟迟没能迈出第一步的事，
如移民海外、向喜欢的人告白、学习音乐等。

请试着举出5件自己想开始，却迟迟未能迈出第一步的事。

步骤2

写出借口清单，反驳自己

写出自己对新事物的心理抗拒，对此一一反驳，调整心态。

写出步骤1中所列事情背后的借口。然后，反驳这些借口。最后，有了付诸行动的精神准备后，心理阻碍就能消除了。

Q 有效消除借口的方法是什么？

技能 25　以婴儿步伐开始行动

**要点**　**以解决问题为指向，持续行动，就会一直抱有希望**

如果只是深埋绝望中，看不到希望之光，无论是谁精神状态都会变坏。

而那些能快速摆脱消极情绪的人，会用小的行动（婴儿步伐）去迎接希望，跬步前进，持续行动。

一旦行动起来，人会变得积极，过程中就会有新的灵感产生，新的机会也会随之而来。持续下去，又会生出新的启示和机会，形成良性循环。相反，受限于消极情绪的人，只思考不行动。不行动，事态不仅无法有所推进，还会不断恶化。最终，人会陷入自我厌恶、压力累积的怪圈。

所谓的婴儿步伐是婴儿般的一小步一小步。彻底将难度降低到能采取行动的最低水平，采取姑且试试看的态度，这是十分重要的。

羽生善治在其著作《胜负哲学》中这样写道：

"消沉的时候，可以尝试改变些什么。什么都可以，从小事开始就好。比如早起，比如改变着装，开始新的兴趣爱好，等等。生活中这样有张有弛的小变化，会防止心灵锈蚀、停滞。"

一直停滞下去，忧虑就会膨胀。焦虑的感觉是会侵蚀人的心灵的。

无论多么些微的小事，以解决问题为目标。持续行动下去，就能一直抱有希望，缓解自身的压力。

> 逸事
>
> 电影《肖申克的救赎》中，主人公在 19 年服刑期间，持续挖掘地道越狱，最终重获新生。
>
> 被人诬陷进入肖申克监狱的安迪，在狱中体验了异常的痛苦。但是安迪没有放弃希望，用得到的凿子之类的小工具每天挖掘地道，19 年后终于成功越狱。在地狱般的监狱生活中，每天用小凿子一点点地挖地道，就是安迪的希望之光。

| 我们来试试吧 | **以婴儿步伐开始行动的方法** |

步骤1

降低行动壁垒

不想做……

确定只写15分钟……

限定时间，仅在这个时间内工作

只写到自己能写出的程度为止！

有太多的报告要写，为此忧虑不安，无法开始工作

并非完成全部，只完成自己认可的程度就可以

写报告之类让人心情郁闷的工作，限定只做15分钟，那么现在开始行动吧！

即使是让人感到郁闷的工作，通过设定时间限制，难度就会有所下降。设定一个能轻松开始的最低标准，开始行动吧！

Q 你现在能马上开始做的事是什么？

步骤2

如果一个不行，就尝试新的行动

一个办法行不通……　　就尝试别的方法！

**一个办法行不通，
就尝试别的方法，继续行动。**

一个方法行不通，也不要放弃，要尝试新的方法。为此，要准备3个备选方案。

Q 如果一个方法行不通，你其他的选择是什么？

第 5 个习惯
专注于能做的事

总　结

技能 21 置身于压力巨大的环境中时

▶ 设定理想的目标，
专注于实现的过程

技能 22 置身于不公平的环境中，感到绝望时

▶ 分别写下自己能做和做不到的事，
着手去做能做的事

技能 23 对人生可能发生的风险感到忧虑时

▶ 想象可能发生的不幸，
预设 3 个备用方案

技能 24 面对新挑战或有风险的事，迟迟不能拿出行动时

▶ 写下阻碍你行动的借口，
对此进行反驳

技能 25 身处绝望之中，找不到希望时

▶ 面向希望跬步前进、
持续行动

第6个习惯

接受命运

> 生活，10%在于你如何塑造它，90%在于你如何对待它。
>
> ——美国词曲作家 欧文·柏林

养成第6个习惯的技能

26 接受无法改变的事
27 直面最糟糕的事态
28 在受制约的环境中生存
29 期待不确定的未来
30 做好准备，面对人生的考验

技能 26 接受无法改变的事

 **要点：接受自己无能为力的事，就能更好地面对不公平**

无法摆脱消极情绪的人会一直烦恼于自己无法改变、无能为力的事，如过去发生的事、自己的领导、公司的环境等。实际上，就算你投入再多精力到那些无法改变的事情上，也是看不到通往光明的出路的。正确的做法是把不幸和人际关系看作自己人生的必然遭遇，面对它、接受它。

已故日本橄榄球队主教练平尾诚二先生，在其著作《战胜不公平》中这样说道："原本这个世界就绝不是公平、公正的，而是不平等的。人越是体验和经历大的不合理，就越能得到锻炼，越能强大起来。"

的确，进入社会后，人生会遇到太多自己无法掌控的事情，比如公司的方针、人事的变动、领导的想法、发生的灾害和事故等。提升接受能力，才是应对压力的良策。

中国有则寓言故事叫作"塞翁失马"。故事讲的是很久以前，北方住着一位名叫塞翁的老人。一次，他的马无缘无故跑到了胡人的家里。过了不久，那匹马带着胡人的骏马回来了。他的儿子骑上那匹骏马，结果从马上掉下来摔断了腿，却因此得以免除兵役，保全了性命。说的正是人生无从知晓会因为怎样的机缘，遇到怎样的幸与不幸。那些无力改变的事情，就当是命运的安排，接受它们吧。

> **逸事**
>
> 残奥会全盲游泳选手河合纯一把残缺当作自己的特质加以接受，人生取得了巨大的成就。
>
> 亚特兰大残奥会获得金牌的河合，在中学三年级时完全失去了视力，但他并没有试图去克服身体的不健全，而是将此视为自己的一部分，开始了新的人生，最终成为全盲游泳选手，取得了辉煌的成就。

> 我们来试试吧

怎样接受无法改变的事

步骤 1

区分什么是可控，什么是不可控

不可控
即使不能像超人那样在空中飞行……

▶

可控
也能帮助身边有需要的人。

真是麻烦你啦……

哪里哪里！

无论什么时候，都并非完全无可作为。
哪怕是5%、10%的机会，也要采取行动。

即使是突然接到人事变动，被调到不想去的部门，我们依然可以向领导表达自己的想法。表达完，余下的就是把最终结果当作命运的安排，继续加油努力了。

Q 你从过去遭遇的痛苦和环境中得到了哪些启示？

> **步骤2**

将可控的事付诸行动

把无能为力的事当作命运的安排,
竭尽全力做好能做的事。

做好充足的思想准备,接受无力改变的事。对于能做好的事,则竭尽全力。

Q 今后如果遭遇痛苦,你会对自己说些什么?

技能 27 直面最糟糕的事态

 **预先设想最糟糕的状况，做到无论何时都能冷静应对**

设想最糟糕的状况是非常行之有效的思维习惯，其好处在于，面对无法预测的状况和重要工作时，可以提前做好心理上的准备。因为设想了最糟糕的状态，于是事实上无论发生什么，都在预料之内，就能做到冷静对待了。即提前做好心理准备，关键时刻无所畏惧。

为此，你还要有勇气直面最糟糕的事态。一旦事情发生，就去应对。如果不具备这种决心，再怎么设想也是没有意义的。内心的恐惧和焦虑是会不断膨胀的，但通过设想最糟糕的状态，可以阻止内心的胡思乱想。

2006年，我决定辞职自主创业。一般来说自主创业时，首先袭来的不安和恐惧是：真的能养活自己吗？能生活下去吗？

我当时没有客户，存款70万日元，内心也有同样的不安。但我决定设想一下最糟糕的状况。这个最糟糕的状况就是：存款全部用尽，营业额为零。

于是我做了预算：租一个月租5万日元的便宜公寓，自己做饭，在家开始我的事业，每月 13 万日元是可以生活下去的。如果每月仅花费 13 万日元的费用，那么即使在最糟糕的时候，也可以靠兼职打工勉强糊口。这样一设想，钱的担心就消除了。

如果你对将来隐约感到担心，心生焦虑，就有必要设想一下最糟糕的状况。然后，去面对最糟糕的状况。这样一来，看得到恐惧和焦虑的边界，恐惧感也会随之降低。

> **足球选手长谷部诚习惯于时常设想最糟糕的状况。**
>
> 逸事
>
> "即使比分领先也可能被逆转"，曾任日本国家足球队队长的长谷部先生在著作中披露自己会一边设想最糟糕的状况，一边打比赛。为了能做到无论发生什么状况，情绪都不被干扰，平日里时他常常会思考最糟糕的状况。

> 我们来试试吧

直面最糟糕的事态的方法

步骤1

设想最糟糕的状况

最糟糕状况①
公司破产

最糟糕状况②
养老金被大幅削减

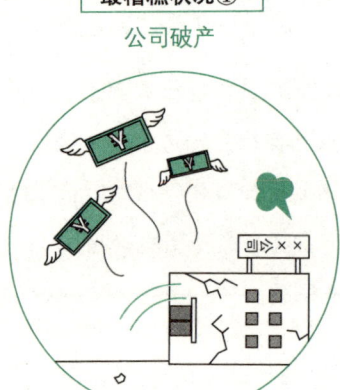

试着设想将来可能发生的最糟糕的状态，如公司破产、养老金被削减等。

如果你对将来有隐约的担心，心生焦虑，就有必要设想一下最糟糕的状况。那么最糟糕的状况是什么呢？设想一下诸如"公司破产""基本拿不到养老金"等无比糟糕的状况。

Q 不幸和焦虑全部被言中的状态是什么样子？

步骤2

面对最糟糕的状况

对策①

开始学习英语口语

对策②

考取证书

**看得见恐惧和不安的边界，
你感到的恐惧也会减少。**

为了应对公司破产，要提前自我投资，提升自己的专业技能和市场价值。面对设想的糟糕状况，思考应对方案，日日践行努力。

Q 为应对最糟糕的状态，你想对自己说什么？

技能 28 在受制约的环境中生存

要点 积极接纳环境制约因素，舒缓压力，争取更大的成果

人生不如意事十之八九，但年轻时对这句话难以理解。身为企业员工，对于企业内繁复的手续、令人费解的规定、高层的决策，会感受到强烈的挫败感和巨大的压力。但既然身在组织内，你就要在这种制约条件下和受限环境中完成自己的使命，拿出最大的成果。

那么，内心强大，取得巨大成就的人在做些什么呢？他们在受制约的环境中全力拼搏着。或许他们在不喜欢的状态中工作着，或许他们在和讨厌的领导一起工作着。

这时，内心铭记人生就是在受制约的环境中生存，对舒缓压力会有所帮助。另外，正因为有所制约，才会产生更多的智慧。

季节和天气变化属于自然现象，我们只能接受它们。正因为内心的接受，所以在阴雨连绵的日子也有了自在的过法。

据说《静候绽放的时光》的作者渡边和子在备感压力之时，得到了一位传教士赠送的英文短诗。"Bloom where God has planted you."（在哪里存在，就在哪里绽放。）有时自己被安放在哪里，不由自己决定。不如将此当作命运的指引,就在那里竭尽全力开出鲜艳的花吧。

> **逸事**
>
> **德川家康将丰臣秀吉封给他的荒地,打造成了世界上屈指可数的大都市。**
>
> 丰臣秀吉收回了德川家康常年统治的骏河(今静冈县东部)、远江(今静冈县西部)、甲斐(今山梨县)、信浓(今长野县)四地,取而代之的是人烟稀少的蛮荒之地。但家康在这一片土地上默默耕耘,最终将其打造成为后来江户幕府的根据地。

接纳受限条件的方法

我们来试试吧

步骤1

写出让你备感压力的原因

产生压力的原因

多次上交企划书均被退回，压力逐步升级。

试想一下什么让你压力巨大？
如企划书迟迟无法通过等。

写下现在你对什么感觉有压力。如"和领导关系紧张""企划案迟迟不能通过""总是和妻子吵架""孩子不学习""部下没有长进""休息日也要工作"等。

Q 让你感觉有压力的是什么？

步骤2

思考接纳制约的种种好处

如果能从压力中看到好的一面,
就能接受制约条件。

例如,在工作中,因提交的企划案迟迟不能通过而备感压力时,可以试着将此看作继续探讨、深挖内容的机会。

Q 为了接受现在的制约条件,你打算选择怎样的座右铭?

技能 29　期待不确定的未来

要点
内心笃定从容，
越是乐见未来的不确定性，
越能得到更好机会的垂青

无法摆脱消极思考的人，往往持有一种绝不绕路、勇攀高峰的人生观。他们预测未来，严格制订计划做好充足准备，想要尽可能地消除不确定因素。

极端地说，他们甚至认为，得到落榜的消息比等待发布成绩的煎熬要好受一些。就算结果不好，只要是确定的结果，就能让他们安心。

当然，这样也并非不好。但是未来的许多事确实是不可预测的。

相反，擅长摆脱消极情绪的人思维灵活，持有一种冲浪式的人生观。冲浪时，完全不能预测何时、会有怎样的波浪打来（意外事件），这类人会临场应对、灵活采取行动。

当然，这并不是说没有计划是好事。如果内心足够从容、自由，乐于期待未来的不确定性，你将得到更多机会的垂青。这正如选择攀登蜿蜒的山路，你会看到更多的风景。

接纳未来的不确定性，首先要以登山的精神减少对未来的焦虑。试着写下你对未来的所有担忧：结婚、生病、养老金、晚年生活、家人的事等，消除内心模糊的感觉，积极思考对策，着手去做所有能做的事。

> **逸事**
>
> 据说电影《跳跃大搜查线》的编剧君塚良一先生为了成为编剧，先学习了搞笑艺术。
>
> 君塚先生通过大学老师认识了荻本钦一先生。面试时，荻本先生建议他"多绕路走走，顺路看看，有时可以学到许多别的事情"。于是君塚先生开始学习搞笑艺术。在其创作的《跳跃大搜查线》中，便运用到了搞笑艺术（出自《朝日新书》）。

我们来试试吧 接受不确定的未来的方法

步骤1

明确对将来的担忧（登山精神）

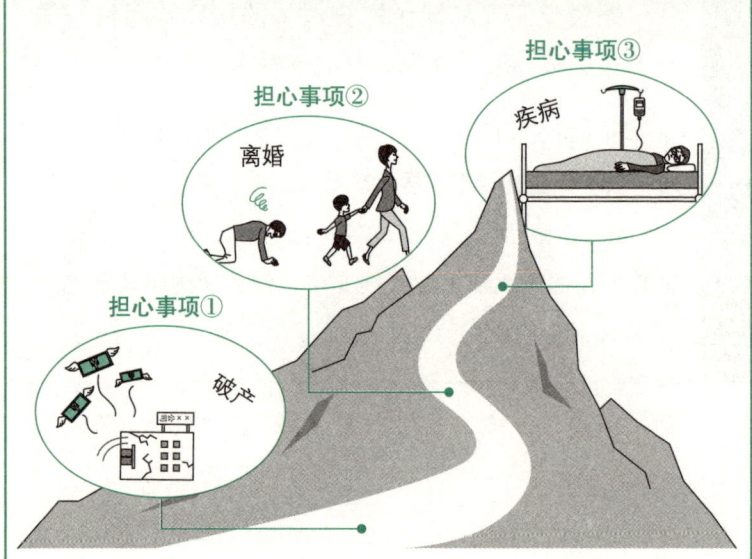

尝试写出所有让你感到担忧的、可能发生的事，如破产、离婚、疾病等。

首先明确自己对未来的担忧。写出所有担忧的事项，消除内心模糊的感觉，积极思考对策，着手去做能做的所有事情。

Q 你对未来的什么事感到担忧？

步骤2

接受不确定（冲浪精神）

灵活应对，成功跨越
人生中不断发生的转折

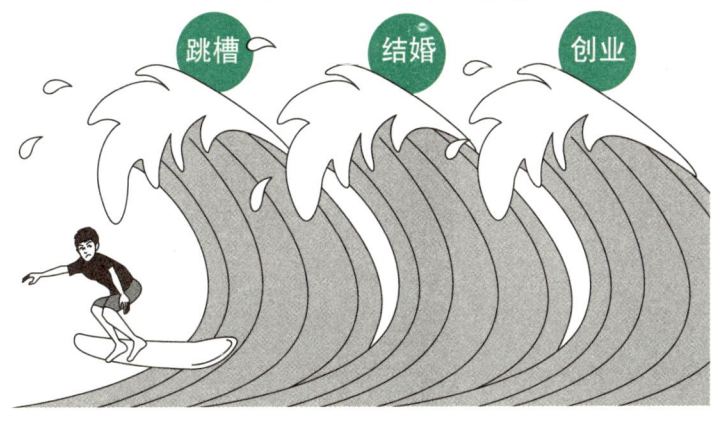

跳槽　结婚　创业

**经历越多的不确定，
就越擅长应对不确定。**

　　以登山精神进行具体的准备工作，再用冲浪精神应对不断发生的状况。多经历不确定的状况，慢慢地你也会成为冲浪高手。

Q　接受未来的不确定性，使用哪些语言更有效果？

技能 30　做好准备，面对人生的考验

 **要点　积极看待考验和不幸，大大减轻自己的压力**

多数人的生命中必然会遭遇不幸和考验。意外本身是不可控制的，所以我们只能接受。但接受方式和思考方式不同，抗压结果会完全不同。

美国原住民有一句格言："热爱自然，就是爱它所有的晴天、阴天以及风暴。"这句格言同样适用于人生。"爱人生，就是爱它所有快乐的日子、痛苦的日子以及绝望的日子。"一直快乐的人生，当然是最完美的。但人生总会有痛苦，失恋、被背叛、公司破产、面对死亡、患上严重疾病、遭遇事故等，诸如此类。

因此，我们要做好接受考验的心理准备。而且，重要的是要让自己足够强大，不被这些考验打败。

一旦遭遇某些痛苦，我们往往会不甘心"为什么会这样？如果没有那件事就好了……"。但如果能接受这些痛苦，认为这是本该发生的命运的安排，就能积极面对人生的不幸了。从另一个角度讲，如果不能面对已经发生的现实，人生就无法继续下去。

痛苦的时刻正是成长的机会和成功的种子孕育的时刻。看到事

物积极的一面,人也会得到成长。

> **逸事**
>
> 东丽经营研究所所长佐佐木常夫先生,把痛苦当作命运的安排,用超强的精神力量闯过了人生的难关。
>
> 因大儿子的自闭症而烦恼不堪的妻子患上抑郁症,两次自杀未遂。不仅如此,就连大女儿也自杀未遂。偏偏在这个非常时期,佐佐木先生被公司派往大阪工作。不过,他把这些看作自己主宰的人生当中出现的意外状况,是命运的安排,最终用超出常人的精神力量渡过了难关。

| 我们来试试吧 | **做好准备，面对人生的考验的方法** |

步骤1

模拟体验伟人的人生

纺纱织布，体验印度民族独立运动领导人甘地的人生

阅读甘地和曼德拉等伟人的传记，模拟体验他们的人生。

自己的人生只有一次，但我们可以多去模拟别人的人生。通过展现伟人生活的相关书籍和电影，模拟体验他们的人生。

146　Q　回顾过去发生在你身上的不幸，是怎样的感觉？

步骤2

把考验当作命运,从中寻找希望

即使面对痛苦的考验
苦心培养的蔬菜,因病虫害几乎全军覆没……

也要寻找成功的种子
继续培养幸存下来的蔬菜,走向成功。

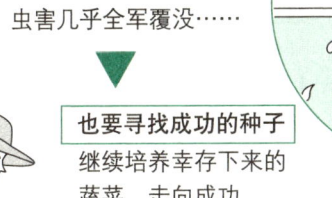

**把考验视为命运,勇敢地面对,
寻找成长的机会和成功的种子。**

　　发生不幸的时候,将其看作本应发生的命运的安排,积极面对,从中找到积极的一面,让自己成长。

Q 将考验视为命运,需要具有哪些想法?

第 6 个习惯
接受命运

总　结

技能 26 感觉无能为力时

▶ **思考区分可控与不可控，
将不可控的事情当作命运的安排予以接受**

技能 27 在任何状况下都想保持平常心时

▶ **设想最糟糕的状况，
积极面对，提前准备**

技能 28 身处不喜欢的环境中，备感压力时

▶ **写出产生压力的主要原因，
思考接受制约的好处**

技能 29 对不确定的未来感到不安时

▶ **明确对将来的焦虑，
做好心理准备，接受不确定**

技能 30 遭遇不幸和考验时

▶ **模拟体验伟人的人生，积极面对考验，
促进自我成长**

第 7 个习惯

放弃完美主义

> 完美只存在于心里,不存在于现实中。
> ——法国电影导演 让·雷诺阿

养成第 7 个习惯的技能

31 允许有例外
32 改变非黑即白的想法
33 以目标为指向进行思考
34 对一切设定限制
35 克服失败恐惧症

技能 31　允许有例外

要点 ▶ 修正完美主义，给思考方式增加弹性，就能用较少的能量应对意外的状况

善于处理压力的人具有的共同特征是：不逞强，处事灵活而柔韧，内心温和而柔软。相反，完美主义者不允许有例外，给自己施加了过大的压力，又不能很好地消除压力，容易患上精神方面的疾病。

工作和生活，并不是所有的一切都会按计划和设想进行。有时有必要做有效的妥协。修正完美主义，给思考方式增加弹性，就能用较少的能量应对意外的状况。

而对自己严格要求的完美主义者会认为，"工作质量下降，会给身边的人带去麻烦吧"，对此心怀不安，一时难以改变自己的执拗。那么，怎样才能在不降低工作质量、不给自己过度施加压力的前提下，顺利完成工作呢？

首先，请盘点自身存在的完美主义思维。统计一下自身存在的"不允许有例外""非这样不可"的完美主义想法。

然后，设定例外。例如，允许自己在无法保证工作质量时，请求××给予支援。在此基础上，培养语言习惯，改变对自己的措辞。例如,把"不能失败"改为"不允许不尽最大努力的失败"。渐渐你会对自己宽容起来,认为如果尽了最大努力仍然失败,是可以原谅的。

> 逸事
>
> 有位能干的广告代理公司经理,过度紧逼自己,结果业务量超过自己的极限,因此患上了忧郁症。
>
> 这位经理乃业界翘楚,是一位如同画中走来的完美的职业女性。两个下属突然辞职,为了维持局面,她拼命地努力工作,终于达到极限状态。在自己无法 100% 地掌控局面的时候,强烈的责任感是有可能使你崩溃的。

| 我们来试试吧 | **允许有例外的方法** |

步骤1

盘点自己不允许有例外的思维方式

> 不允许有例外，给自己过度增负，
> 把身体搞垮了是不可以的

在工作和生活中，
你是不是有一些完美主义的想法，
给自己增加负担了呢？

统计自己身上的完美主义想法，比如"必须这样""理应这样"。

Q 你身上不允许有例外的思维方式是什么？

步骤2

放宽原则,设定例外

例外 无论如何都不能交差时,就拜托同事代为工作吧

**预先设定例外,
不给自己增加过度的压力。**

无法保证工作质量时,允许自己请求帮助。预先设定例外,增加思维灵活性,改变完美主义的思维方式,做到不给自己增加过度的压力。

Q 改变不允许有例外的想法后,产生了哪些好处呢?

技能 32 改变非黑即白的想法

要点 不做非黑即白的判断,
通过灰色地带看到事物好的方面,
就能走向更好的未来

具有强烈完美主义倾向的人往往以一种非黑即白的方式进行判断,"要么成功,要么失败""要么零分,要么满分"。这种思考方式叫作"黑白思考"。但实际上,事情无论进展多顺利,其中也必定有需要反省的点;无论怎样的失败,其中也必定会让人有所收获。

黑白思考存在的问题在于,对所有事都谋求满分,为此投入过多的能量。稍有不顺当即会被判定为零分,会让人产生自我厌恶的情绪。更为严重的是,一旦判定失败,人们就看不到曾经存在过的好。

看到事物的灰色地带对摆脱黑白思考是十分重要的。

为此,要先设定一个弹性的标准。有些事情达到80%即可达标,有些则要求达到120%。

然后,把握"必要"(绝对的必要要素)和"期望"(期望的目标要素)原则。完美主义者往往期望所有过程和步骤都十分完美。但不少时候，这是过程的 100 分，与结果的 100 分是有所偏差的。

为防止这种偏差产生，要把握必要和期望原则。如果时间充裕，就两个原则都做到。但如果业务过于繁忙，或发生了意料之外的麻烦，仅确保最低限度的必要部分就好。对应对方的期望，采用必要和期望原则衡量，其结果可以达到 120 分、150 分的满意度。

> **逸事**
>
> 某中型企业的社长定下了每天 8 点上班的目标，第一周只实现了 2 天。得到认可后，第二周成功做到了 5 天全都准时上班。
>
> 我培训过的某中型企业社长不擅长早起，每天要比员工晚到 2 小时。他制定目标要改变这一习惯。第一周只实现了 2 天；得到积极的评价后，第二周成功实现 5 天全都准时上班。

我们来试试吧 改变非黑即白的思维的方法

步骤1

设定标准

标准①

面向公司内部的说明材料，尽量做到简洁，一张 A4 纸就可以。

标准②

面向外部的提案材料，要重视质量，用心去做。

质量

80%　　100%　　120%

制定弹性标准，有些事达到80%即可，有些事则要求达到120%。

例如，公司内部商讨用的材料，达到 80% 的标准即可；面向客户的提案，要以达到 120% 的质量为目标。

Q 你在什么情况下会陷入非黑即白的思维模式呢？

步骤2

把握必要和期望原则

对于寻找新居的客户，
要区别思考必要和期望……

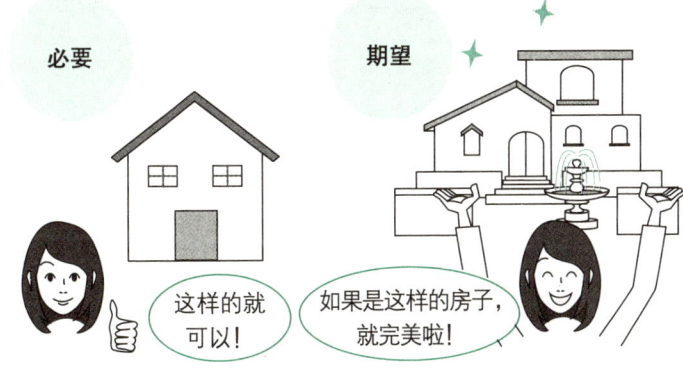

必要　　　　　　期望

这样的就可以！　　如果是这样的房子，就完美啦！

**区分思考对方的期望是
绝对的必要要素还是期望的目标要素。**

如果能达到对方的期望就最好，如果做不到，那就确保达到最低限度的必要部分。

Q　设定了灰色地带会是什么样的状态？

技能 33 以目标为指向进行思考

要点 紧紧围绕既定目标，全力以赴，定会有所成就

很多时候，完美主义者将意识集中于事物的过程，却忽略了事情的结果和成效。

举一个自身的例子来说，我在销售信息系统的时候，公司内部需要处理的事务太多，每天只是处理事务性的工作和写材料都要加班到深夜。就这样，一直不能外出销售。但销售的本职工作就是要加强与客户的关系，我却因为眼前的杂事而忘记了既定目标。

如果不能经常追问自己"我的目的是什么""达成什么目标才行"，你就会把太多时间浪费在无用的事情上。

为了防止浪费时间，我们有必要养成以目标为导向的思维习惯。

为此，首先要站在对方的视角思考。是工作就必然有委托人。为提供委托人希望得到的，换位站到对方的视角、以对方的标准去思考是十分重要的。要经常问问自己"对方想要什么"。

然后，明确目标。提出向下深挖式的问题，也是行之有效的，试着问自己："对方觉得达到什么状态才是成功？""此外，他还寻求什么？怎样才能做到？"

就这样，以目标为导向进行思考，茫然的时候定期折返。因此我建议你把自己的目标明确地写下来。

> **某软件公司的员工，为完美地做阐述，进行了精心的准备，却忘记了重要的阐述目的。**
>
> 逸事
>
> 某软件公司的员工被委派在大型活动中进行提案阐述，为此他精心写作了材料，进行了完美的彩排。但是资料中完全没有涉及活动本身，以及如何吸引客人参加活动的相关内容。当被问及"这个提案的目的是什么"，他竟无法回答。这正是追求过程，迷失了目标的典型。

> 我们来试试吧

以目标为导向的思考方式

步骤1

站在对方的视角思考

思考对方的期望，而非自己的打算。

工作必然有委托人，为提供委托人希望得到的，换位站到对方的角度，以对方的基准去思考是十分重要的。要经常问问自己"对方想要什么"。

Q 对方想要什么？

步骤2

明确目标形象

**想象怎样的结果才是成功，
明确到极其清晰的状态，然后全力以赴地解决问题。**

要以目标为指向进行思考，时常问问自己："对方觉得达到怎样的状态才是成功？"茫然的时候定期折返。因此我建议你把自己的目标明确地写下来。

Q 最终，对方认为什么才是成功的状态呢？

技能 34　对一切设定限制

 **设定限制，改善过程**

完美主义者总想按自己的计划推进工作，从结果来看，大多数时候，其过程中充满了过剩的操作和多余的工序，时效比并不是很好。这时，如果能问自己："用一半的时间来完成这工作怎么样？"就能清晰地区分哪部分重要，哪部分不重要。

区分的要领是，找出能有成果产出的关键部分，摒弃多余的部分。对公司内部讨论用的资料，我会预设 30 分钟的写作时间，拿着规定时间内完成的资料与同事商讨。错字和漏字的检查，以及多少有些不通顺的地方，在口头表达的时候就能弥补。此外，我还给自己工作的时间设定限制。完全贯彻 18 点以后不做任何工作的原则。于是我开始思考如何在规定的时间内处理好工作。即让自我强制力发挥作用，重新审视工作过程。

这就是通过设定限制，改善工作过程。首先明确设限的对象，认真地制订计划，集中精力。为实现这个目标，区分什么是重点，多余的操作是什么，提前思考在计划阶段该舍弃什么、简化什么，也是非常重要的。

有一个 80∶20 的原则，认为 80% 的结果是由 20% 的工作创造的。去定义这 20% 的工作，并对其投入时间和精力是很重要的。

> **逸事**
>
> 某公司社长为彻底改革业务推进方式，将某部门的七成人员裁掉，结果改革取得了成功。
>
> 该社长在某天的会议上宣布："财会部将裁员七成"。他预测如果裁员两成，余下的八成人员可以维持工作。但如果裁掉七成人员，就有必要彻底改变工作的推进方式，为此会生出许多创意使业务更具效率。结果只有三成的工作人员，公司也能继续运转。

我们来试试吧 设定限制的方法

步骤1

确定设限的对象

对时间设限
今天 18 点之前完成!

总是加班到很晚。

如果你每天持续加班到很晚,
就要严格设定工作时间,按计划推进工作。

设限的内容可以是时间、资料检查遍数、人数等。通过对个别工作设定时间限制,设定材料检查遍数,自觉实践 PDCA 循环[1]。

---

1 PDCA 循环:PDCA 循环的含义是将质量管理分为四个阶段,即计划(plan)、执行(do)、检查(check)、处理(act)。是美国质量管理专家休哈特博士首先提出的,由戴明采纳、宣传,获得普及,所以又称"戴明环"。全面质量管理的思想基础和方法依据就是 PDCA 循环。

步骤 2

制订计划，集中精力彻底贯彻

通宵写材料是
非常没有效率的……

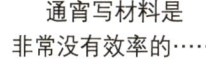

锁定工作，高效处理，
在短时间内完成！

**考虑时效比，找出关键部分，
不做多余的工作。**

设定限制，为实现目标，区分什么是要点，多余的工作是什么。预先思考在计划阶段，该舍弃什么、简化什么。

Q 如果要用一半的时间完成现在的工作，该怎样做？

技能 35　克服失败恐惧症

 **要点** 不畏失败，发起挑战，寻找改进点，不断行动，**就会进步**

过于害怕失败的人，认为如果风险没有完全消除，就不能采取行动。相反，失败后能迅速恢复的人，会一边尝试行动，一边慢慢进步，不断修正改进自己的方式，逐渐拥有更好的状态。

工作和生活中，许多事不做就不知道会怎样。如果畏惧不前，答案便不会出现。重要的是尝试去做，如果进展不顺利，就立即寻找改进点，然后再次行动。这样不断重复，是通往成长和成功唯一的出路。

许多人因害怕犯错而不做发言。之所以感到不安和担心，是因为踏入了风险区，这也是成长的证明。能力的提高必然伴随着恐惧。因此，我们有必要学会如何与恐惧和睦相处。

克服失败恐惧症，重要的是先行动、增加失败体验。

行动之前，最好先确定行动标准。例如，做好七成准备就试着开始，先试一周再制订计划，等等。

这样一来，会经历和体验许多不顺利。不过，这样就可以了。这样思考的前提是，要把"失败 + 改进"作为一组搭配来看。

最终,通过"失败+改进"的模式取得成功和进步,会让一直以来的失败具有意义,从而帮助我们摆脱失败恐惧症。

> **逸事**
>
> 微软通过不断解决用户体验过程中发生的问题,将视窗操作系统(Windows)做成了最适宜的系统。
>
> 对汽车公司来说,发生事故就是大问题,因此要多次试验,在保证不出现万一的情况下出厂发货。而微软的想法则完全不同,"即便发生状况,只要工程师能够当即解决应对,操作系统(OS)就会逐步成为最适宜的系统"。

克服失败恐惧症的方法

我们来试试吧

步骤1

先行采取行动

如果进展不顺利可以马上改正。
基于这种想法，明确标准，先行采取行动吧！

在日常生活中训练自己先行采取行动，比如进入餐饮店，在点餐之前先叫服务员。做好七成准备就开始尝试，养成习惯在没下定100%的决心的状态下，先行采取行动吧！

步骤2

增加失败经验

不试着骑起来,恐惧感是不会消失的。

摔一次知道有多疼,就不会再害怕。

将失败和改进作为一组搭配去思考,增加失败经历,取得成功体验后,就能摆脱失败恐惧症。

　　多经历失败是很重要的,正如学习骑车,摔一次知道有多疼后,恐惧的心情就会放松下来。如果习惯将失败和改进作为一组搭配进行思考,就能从任何失败中寻找到积极的意义。

Q 你打算先行采取行动的事情是什么呢?

第 7 个习惯
放弃完美主义

总　结

技能 31　不能妥协，给自己过度的压力时

▶ 列出自己具有的完美主义想法，
改变语言的表达方式，设定例外

技能 32　因为非黑即白的思考方式，陷入自我厌恶时

▶ 通过灰色地带寻找小小的成果

技能 33　常常迷失、忘记既定目标时

▶ 以对方的标准换位思考，
明确目标

技能 34　因完美主义，时效比不甚理想时

▶ 设定时间和检查遍数限制，
优先级别低的工作可以有效地加以妥协

技能 35　过度害怕失败，不能付诸行动时

▶ 增加失败＋改进的经历体验，
养成先行采取行动的习惯

第8个习惯

看事物积极的一面

> 我们不仅是制作电灯,而且是在创造每个家庭的笑容。
>
> ——日本松下电器创始人 松下幸之助

养成第8个习惯的技能

36 将失败变为珍贵的体验
37 找到积极的意义
38 相信必定能通过考验
39 找到可以感谢的事
40 心中坚信风暴终将过去

技能 36 将失败变为珍贵的体验

 **要点** 客观地回顾某段经历，失败也能通往成功

"失败之中必定有缘故和提升的启示。磨炼我球技的不仅是在日本国内的安打[1]击球，还有那些平庸的击球。"

在日美两国比赛中总计打出 3000 次安打，面对记者采访时，棒球名宿铃木一朗说出了上面的话。据说每次赛后，一朗会在更衣室一边擦拭棒球手套一边回想，从昨天吃的食物、睡眠质量，到实际比赛结束时发生的所有的事。

不仅是一朗先生，许多伟大人物都有回顾一天生活的思维习惯。

因为回顾，那些能快速摆脱消极思考的人，对遭遇的失败和逆境，均能做出积极肯定的评价。这是因为他们有很多汲取失败经验、走向成功的经历。

相反，总是消极思考的人往往会陷入自我厌恶，没法做有效的

---

[1] 安打：安打是棒球及垒球运动中的名词，指打击手把投手投出来的球击出到界内，使打击手本人能至少安全上到一垒的情形。

回顾，认为"还是不行啊""我没有才能"，最终无法做到吸取失败的经验并将之活用到下一次。也就是说，他们使失败最终以真正的失败告终。

不要忘记，任何经历中都有可以称之为"经验"的部分。

这其中，重要的是养成一朗那样客观地回顾过去的习惯。

> **逸事**
>
> **一朗每次比赛后必做的事是，回顾当天发生的所有事情。**
>
> 每次赛后，一朗在休息室一边擦拭棒球手套，一边进行回顾，内容是截至比赛结束，发生的所有事。通过肯定过去的失败和平庸的击球，最终他打出了数量众多的安打。

| 我们来试试吧 | **四个问题，把失败变成财富** |

步骤1

这次经历对你来说是多少分？

无论怎样的经历，都有值得称赞的地方

首先用数字统计此次经历中的优点和需要改进的点。进行评价时不仅评价结果，也包含过程。

步骤2

那20分的内容是？

思考此次经历中自己学习到的

深挖步骤1中用数值评价的内容，将思考的焦点放在优点和得到的经验上。

Q 你过去经历的失败是什么？

步骤3

打算怎样填补 80 分的空白？

寻找解决方案

接下来，思考怎样提高分数。多寻找解决方案，比如"当初要是有那么做就好啦"。

步骤4

如果同样的事再做一次，目标是多少分？

想象成功的样子

试想如果同样的事情再做一次，目标得分会是多少。用数值进行预测，如果吸取失败的经验教训后，事情会发生怎样的变化。

Q 提出这四个问题后，失败会有怎样的变化呢？

技能 37　找到积极的意义

要点 ▶ 在痛苦中也要寻找积极的意义，积极拼搏，去改变现状

无论谁，面对不喜欢的工作和环境、疾病和失败时，都会产生消极情绪。但是，能快速转换心情的人，习惯于从意外状况中寻找并发现其中积极的意义。

可想而知，如果人们觉得眼前的工作无聊、让人厌烦，工作的积极性必然会不断下降。工作不具有实效性，压力就会不断累积。但实际上，所有的事物中都蕴藏着对人生的积极意义。包括复印文件，端茶倒水，公司杂事，不喜欢的工作和不喜欢的单位，等等。是继续不情愿地做下去，还是从中找到积极的意义、努力向前，你的态度决定了你的人生。

想要找到事物中的积极意义，最重要的是，找到这些事物对自己的成长和目标具有的意义。例如，对想创业的你来说，可以把被安排去财务部工作看作学习财务的机会。就算最初的想法是"争口气让瞧不起我的人看看"，如果对自己来说能变成战胜苦难的积极意义也是可以的。

此外，找到事物对他人和社会的意义也是很重要的。自己正做的事如果能让他人高兴，对社会有所贡献，也会让你感觉到积极的意义。

而且，事物的积极意义并不是只能在桌边案头找到，实际尝试去做也是能够发现的。就算是自己不想做的工种，在试着做的过程中，或许也能意外发现它对自己有益的部分。

> **逸事**
>
> 被告知患上癌症的鸟越俊太郎先生，身为新闻工作者，发掘了患病这件事对自己蕴含的积极意义。
>
> 2005年，鸟越先生被告知患上了癌症，当时他受到了巨大的打击。但很快他转换视角，认为作为记者，自己能够亲身体验，深入了解癌症患者的不安、痛苦和内心的焦灼，这很有意义，于是他开始积极面对疾病。

我们来试试吧 寻找积极的意义的方法

步骤1
发现事物对自我成长和目标的意义

将事物与自己的目标和自我成长相结合，找到其中的积极的意义。

即使突然被派往海外，结合自我成长，也可以将之视为学习外语的好机会。

Q 这次经历对你的将来和自我成长有什么意义？

步骤2

寻找对他人和社会的意义

**想到自己正在做的会让别人高兴，
对社会有所贡献，就能感受到其中的意义。**

　　如果认为自己做的能令别人高兴，对面前的客人提供的服务也会变得有所不同。或许开始时不甚了解，在做的过程中就会明白事情对自己的益处，就能找到做的意义。

Q 你做的事情对身边的人和社会有什么意义？

技能 38　相信必定能通过考验

 **抱有信念，不惧怕考验，就能战胜绝望**

我们无从知晓人生何时会发生什么。

在研究人们的思维习惯时，我调查研究了许多人的人生，其结果可以肯定地说："人生没有一帆风顺，总会迎来诸多考验。"而真正的问题是遭遇这些考验时，人们该如何应对。

许多运动员喜欢《新约全书》里的这句："上天只会给我们我们能够跨越的考验。"并把它当作自己的座右铭。他们在短暂的运动生涯中会与各种考验做斗争，重伤，媒体的责难，在巨大的赛事中失利，失去头衔，等等。因此，他们大多具有自我鼓舞的思维习惯，认为"这个考验我能战胜，如果战胜了我就会更强大"。

许多人对于面前发生的事会胆怯退缩，觉得"我没有经验""没有自信""实在难以办到"。因此，在心中建立强大的信念，认为"无论什么考验都能通过"是十分重要的。

那么，我们怎样做才能拥有积极的信念去应对考验呢？

行之有效的方法是回想过去经历过的考验，思考自己从中得到了什么，然后积极地接受。而且，要用积极的语言接受考验。语言拥有改变思考的力量。无论现在多么痛苦,只要相信这是必定能通过的考验,就能看到希望之光。

> **逸事**
>
> 颈部骨折的腰塚勇人先生深信自己能够康复,并竭尽全力进行康复训练,竟奇迹般地重新回到了工作岗位。
>
> 腰塚勇人先生曾是中学的热血教师,因某天滑雪时摔倒而导致颈骨骨折。虽然有幸保住了性命,但是脖子以下瘫痪,某段时期他曾尝试过自杀。最终,他相信人都有战胜考验的能力,于是竭尽全力进行康复训练,结果 4 个月后奇迹般地回归了工作岗位。

| 我们来试试吧 | **对考验抱有积极信念的方法** |

步骤 1

列举出过去遭遇过的 3 个考验

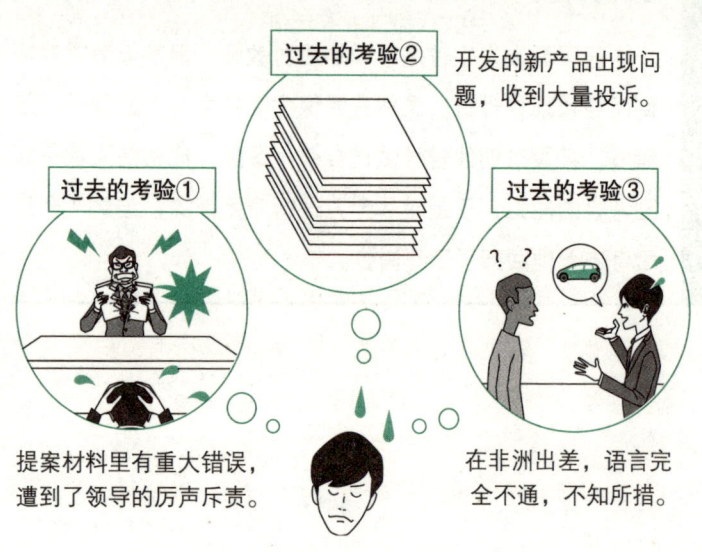

想想最痛苦的遭遇是什么，
如工作中的纠纷和巨大的失败等。

列出截至目前你所经历过的 3 个考验，如失恋、工作中的纠纷、疾病或者爱人的逝去等。

Q 过去的考验对你来说是怎样的精神食粮？

步骤2

思索你从考验中汲取到了什么

汲取的好处②

通读客户投诉,了解到客户真正想要的是什么!

汲取的好处①

不再只顾写材料,最后会通篇检查是否有错误!

汲取的好处③

因为语言不通,掌握了用肢体语言销售的技能!

思考自己是如何通过那次考验的,从中学习到了什么。

肯定过去的考验,能让自己建立良好的信念。无论处于怎样的痛苦中,只要坚信必能战胜考验,就会看到希望之光。

Q 对于战胜考验,你的座右铭是什么?

技能 39　找到可以感谢的事

 **要点** 在日常生活中寻找可以感谢的事，能够大幅减轻压力，获得幸福感

幸福的人具有的共同习惯就是感谢。

普通人只有在遭遇逆境之后才会意识到顺境的重要，才能拥有感谢之心。如生病了才会感谢健康，饥饿时才会感谢粮食，发生战争才会感谢和平，离婚了才会感谢家人的陪伴。

但时常进行积极思考的人，能在普通的日常生活中找到值得感谢的事情。这正是老子所说的"知足者富"。

"今天一天全是让人讨厌的事。被领导批评，被迫加班，工作无趣，和女朋友的关系也不算好"，如果只看到生活糟糕的一面，这样的人生简直就是悲剧。但如果你戴上"感谢的眼镜"去过自己的人生，将会看到完全不同的世界。可以尝试这样去想："经济如此不景气，却还能拥有工作，我很感谢。""领导能给予批评指正，我很感谢。""虽不经常联系，女友却能待我如初，我很感谢。"

感谢之后，压力会惊人地减少，人也会因此得到幸福的感觉。

此外，学会感谢，人际关系会变得更加融洽。与女友的交往方式、交流的语言也会随之改变。学会感谢，工作态度也会发生转

变。很快，领导就会不再训斥你，而是开始夸奖你。

将自己从压力中解放出来，扭转人生的关键就在于感谢的习惯。

> 逸事
>
> "你虚度的今天，是昨天死去的人全身心渴盼的明天。"
>
> 小说《刺鱼》中有这样一句诗："……今天就是这样的一天。感恩今天能这样与你相遇。"诚如斯言，我们要感谢活着的每一天。每一天都不是理所当然的一天，而是赋予我们一切的每一天的延续。

> 我们来试试吧

寻找可以感谢的事情的方法

步骤1

每天找出3个人感谢

对难以相处的领导也要说

谢谢你!

对极其冷淡的老婆也要说

谢谢你!

对处于叛逆期的孩子也要说

谢谢你!

寻找身边可以感谢的人,包括那些与自己关系不甚融洽的人。

尝试写出你可以感谢的事情,对象包括你的领导、同事、妻子或丈夫、孩子,甚至是与自己关系不甚融洽的人。就算曾经有过不愉快,也要想"这是今后可以学习的经验,十分感谢",以这种心情尝试着去感谢。

Q 今天能够感谢的事情是什么?

步骤2

感谢要尽快表达

**无论工作上还是生活中，
尽可能经常向对方表达感谢。**

经常尽快向他人说出感谢的话。说完，对方马上会心情大好，最重要的是自己也能变成更会感谢的人。

Q 怎样去表达感谢呢？

技能 40　心中坚信风暴终将过去

要点　深信再痛苦的事也只是一时，以此来减轻自己的压力

"风暴终将过去，黎明终将到来。"诚如斯言，遭遇痛苦，身处其中如在地狱，但痛苦终将过去。

囿于消极思考的人认为痛苦会永远持续，任由压力不断膨胀，侵蚀内心。一旦认定痛苦会永远持续，压力更会两倍、三倍地膨胀、发酵。相反，只要明白，说到底这只是一时的痛苦，压力就会随之有所减轻。

如果我们纵览人生，会注意到很多事和自然界有着异曲同工之处。有阴有晴，有风暴也有宁静，有寒冬也有暖春。一切都在流转，没有什么能够永远持续。而人的情感也是暂时的，在持续不断地变化发展。

无论多大的痛苦，终将会过去。痛苦只是一时的，心中铭记"静静忍耐，长久期待"。

为此，较为有效的方式是回想过去发生的痛苦，记录下当时自己经历的情感变化历程。如此，就会实际感受到，人生曾有过的痛苦只不过是暂时的。风暴终将过去，黎明终将到来。

现在身处痛苦中的人,请安静地耐心等待,因为这是黎明前最黑暗的时刻。

> **逸事**
>
> 活到 105 岁的日野原重明先生经历过许多苦难,却能如细竹的枝叶一般,静静忍耐,满怀希望。
>
> 被冬日积雪压弯了的细竹枝,会在不久春雪消融的时候恢复原状。日野原重明先生在著作《活好》中如是写道:"有压力的时候,我会想到细竹的枝叶;像细竹一样,时间一到我也会复原。这样一来,心态就会变得积极起来。"

我们来试试吧 如何静待风暴过去

步骤1
回想自己经历过的最痛苦的事，写出当时的情感变化历程

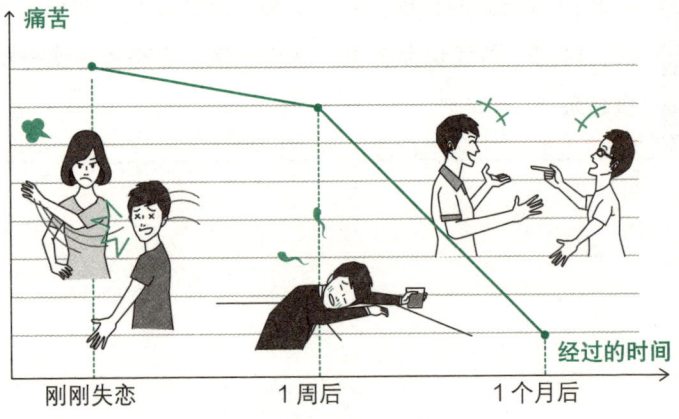

时间推移，痛苦也随之减轻

用图表画出
从事情刚刚开始到结束，自己经历的情感变化。

回想过去经历的最痛苦的3件事。这3件事发生时你的感情是怎样变化的，尝试用折线图来表现当时痛苦的心情。

Q 过去你经历过的最痛苦的3件事是什么？

步骤2

痛苦时,站在未来回首现在的自己

明亮的清晨终将到来

无论多漫长、多痛苦的黑夜,也终将过去

**没有过不去的黑夜,
回首过去,任何事情都只是暂时的。**

回首过去,人生的痛苦只不过是暂时的。现在身处痛苦中的人,请安静地耐心等待,因为这是黎明前最黑暗的时刻。

Q 怎样才能减轻痛苦的感觉?

第 8 个习惯
看事物积极的一面

总　结

技能 36 因失败陷入自我厌恶，
不能做到汲取失败经验以备将来时

▶ 提出 4 个问题，把失败变财富，
从失败中提取成功的影像

技能 37 身处不喜欢的环境中时

▶ 寻找环境对自己的目标和自我成长的意义，
对他人和社会的意义

技能 38 面对巨大考验时

▶ 回想过去遭遇过的考验，
思考从中汲取到的经验

技能 39 认为人生尽是不满意时

▶ 每天感谢 3 个人，即使是讨厌的事，
也要从中找出可以感谢的部分

技能 40 面对痛苦，认为痛苦会永远持续下去时

▶ 回想过去最痛苦的事情，
写出当时的情感变化过程

第9个习惯

活在当下

用铁门把过去和未来隔断，生活在完全独立的今天吧。

——美国人际关系学家 戴尔·卡耐基

养成第9个习惯的技能

41 每次只做一件事
42 进入心流状态
43 给思考限定时间
44 信息绝食
45 一日即一生

技能 41　每次只做一件事

 **要点** 切换单一任务模式，减轻压力，提高专注力

易于累积压力的人一旦有该做的事，往往会被紧迫感驱使，认为必须尽快完成。头脑中会同时担心各种事情，处于多项任务状态："啊，必须写回信。报告提交得也晚了。必须向领导做汇报。还没有确认参加会议。谁也没有和我联络……"

事实上，执行多项任务极其耗费专注力。正如一边学习一边开收音机或电视机一样，这对完成任何一项任务都是没有效率可言的。

这时，你需要专注于现在。这是禅的精神，是原本扎根于日本人内心世界的精神，但是在繁忙的压力社会中逐渐迷失了。

如能切换成单项任务，即养成习惯每次只专注于做一件事，压力就会减轻，就能以很高的专注力投入到工作中。

顺便提一句，在拙作《持续的习惯》中，我也提到了同样的原则。如果你想同时培养运动、节食和整理的习惯，成功的概率可能极低。如果专注于节食这一个习惯，就极有可能坚持下来。

如果想减轻压力并提高效率，我们就有必要养成习惯：一次只做一件事。

> **逸事**
>
> 在美国写作禅境习惯 (Zen Habbits) 博客的里奥·巴伯塔，提倡减少任务，过更加丰富的极简主义生活。
>
> 他在著作《少做一点不会死》中说道，我们身处多重任务并存的时代，信息和各种任务如洪水一般就要把我们淹死。在这种状态下，我们要"专注，每次只完成一个任务，尽可能地简单工作，在不破坏心理健康的情况下去提高效率"。

> 我们来试试吧

专注地每次只做一件事的方法

步骤1

列出忧虑清单

**将挂念的事情写出来,
将它们暂时从头脑中剥离出去。**

持续消极思考的人总是在担心,请把你挂念的事情毫无遗漏地全部都写出来,将它们暂时从头脑中剥离出去,努力让自己专注于一件事。

Q 你的单项任务大概完成了多少?

步骤2

训练自己专注地做一件事

使用倒计时器，
创造可以专注的空间

**使用倒计时器，
创造限定的时间和空间。**

倒计时器是一个有魔力的工具，它能使人专注于现在这个瞬间。一旦计时开始，不管你是否愿意，限定了的时间和空间就被创造出来了。限定了时间，人就能专注于眼前的工作了。

Q 怎样才能做到专注，每次只做一件事？

技能 42　进入心流状态

要点　将意识集中到某件事情上，就能从压力中解脱出来

现在，能让你投入其中甚至可以忘掉时间的事是什么？

芝加哥大学心理学教授米哈里·契克森米哈博士以数百人为对象，研究了他们在做自己喜欢的事情时内心所处的状态，发现他们共同处于深深地埋头于一件事，其他一切完全不成为问题的状态。博士把这称为"心流状态"（出自《心流：最优体验心理学》）。

此外，博士还说道："尽可能多地体验心流状态，生活质量必然会得到提高。"大脑如果将意识集中于一点，就会让我们忘记别的事情。特别是处于心流状态，可以达到100%的剥离。在心流状态下度过的时间越多，释放的压力就越多。

囿于消极思考的人，往往后悔于过去的失败，不安于未来，因此心神疲累。例如，就连周末也因思考工作而无法很好地转换心情，这样大脑不能得到休息，自然就会持续感觉压力巨大。

这时，你要培养习惯，暂时将意识切换到其他事情上。工作压力再大，周末和孩子一起踢一场五人制的足球赛，将所有事情都忘记，那便是进入了心流状态。

而那些善于摆脱消极思考的人，正是能够快速将意识切换到别的事物上的人。

> **逸事**
>
> 　　某位女性失恋后，有意识地埋头于繁忙的工作，得以从失恋的伤痛中解脱出来。
>
> 　　一直闭门不出、闷在家里，压力只会越来越大。这时，可以像那位女性一样，专注于工作，也可以努力挑战有难度的工作。满脑的工作，就会忘记失恋的痛苦。

我们来试试吧 进入心流状态的方法

步骤 1

或者埋头于工作，或者找到自己的兴趣

寻找能够全身心投入的兴趣，去忘记工作上的压力。

创造集中精力工作的环境，去忘记工作以外的压力。

工作中产生的压力，用热爱的兴趣来解决。
工作外产生的压力，通过埋头工作来解决。

工作之外的压力，建议你通过埋头工作去解决。满脑子的工作，就可以忘记其他事情。工作压力大时，就要找到能埋头其中的兴趣。

Q 能让你埋头去做甚至可以忘记时间的事是什么？

步骤2

允许遗忘

**因有所担心而无法进入心流状态时,
要训练自己暂时遗忘,哪怕做短时间的训练也好。**

　　妨碍进入心流状态的是心理的阻碍。担心和恐惧等情感均具有强大的引力,为了剥离这些情感,需要允许自己忘记,哪怕暂时性地遗忘也好。

Q　能让你埋头其中,并能导入到现实生活中的前3件事是什么?

技能 43 给思考限定时间

 **要点** 通过限定时间，将自己从迷惑和不安的情绪中解放出来，做到专注于当下

无论是谁，对无法预料的未来都会感到不安和担心。这时，思考很遥远的未来也只是徒增烦恼，因此建议你为烦恼限定时间，让自己只在限定的时间范围内思考。3年、10年，明确了期限，就能专注于当下，将自己从迷惑和焦虑中解放出来。

来我这里咨询习惯培养的客户，会提到如下问题："我想学习网球，却不能下决心""我在犹豫是否继续现在的工作""我对能否戒烟没有信心"，等等。

而阻碍他们采取行动的一个主要原因是，他们在无意识地思考："我是否能永远做到？"也就是说他们在思考"我能（一直）打下去吗？""我能（一直）持续现在的工作吗？""我能（一直）戒下去吗？"因此，难以做出决断。

人们在无意识中展开了未来的时间之轴。如果能在轴上加一个分割点，就可以在这个时间范围内做到专注。成功戒烟的人专注于当天如何戒烟成功。但如果想到要永远戒烟，人就会变得痛苦。

跳槽也是同样的道理。无论怎样想都没有答案的时候，建议

你将考虑跳槽这件事搁置 1 年时间，试着在这一年时间内，努力寻找工作的乐趣。如果 1 年后依然无法发现工作的意义，再考虑跳槽。

最该避开的状态是，时间悄然流逝，仅仅愁苦烦恼却不能做决断或采取行动。处于这种状态，人的压力是最大的。

> **逸事**
>
> 原搞笑艺人木下代理子女士，在进入搞笑艺人行业时，确定以 30 岁作为尝试期限。
>
> 搞笑艺人是最看不到未来前景的行业。岁月流逝，年龄增长，却依然红不起来；而在公司工作的朋友们，个个都出人头地，有了自己的家庭。这样的状态真是让人压力巨大。于是木下女士决定放弃，在 30 岁后邂逅了色彩疗法，如今的她活跃在色彩心理咨询行业中。

我们来试试吧 给思考限定时间的方法

步骤1

设定担心时间

明确晚上8点至9点是担心的时间段……

不可思议的是，这以外的其他时间竟然不再担心了

有所担心的时候，设定期限，在期限内专注思考自己能做的。

　　为担心的事设定时间段是很有效的，比如明确晚上8~9点是担心的时间段。那么，在此之外的时间段，烦恼和担心的时间会明显减少。

步骤2

设定行动时间

| 内心憧憬，却迟迟不能开始…… | ▶ | 哪怕只是体验1个月，首先开展行动才是关键 |

**迟迟无法开始行动时，
建议你在尝试期限内进行实验。**

有些事仅停留在思考阶段是解决不了问题的，不行动就无法了解。确定1个月时间，去茶道教室试试看，在这个期限内充分体验吧！

Q 你要设定多长时间的体验期限？

技能 44　信息绝食

要点 ▶ 创造拒收一切信息的状态，从心底彻底放松

现在，人类社会因迅猛发展的电子化而信息泛滥。加上移动通信设备高度发达的影响，我们处于随时可以相互联络的状态。

截至1990年甚至还不存在的移动电话，现在却已经是人手一机、理所当然的状态。就连外出时，也经常会有客户和领导打来电话，以致我们要时刻严阵以待。生活中，也因为智能手机的普及，脸书（Facebook）和连我（LINE）等社交网站也变得热门起来。正因为任何时刻都能和很多人交流，人们产生了社交网络依赖症，许多人在意网上发布的文章，忙于做出适当的回复。

这一切，在现代社会已被视为理所当然。正因为习以为常，才在根源上让人感觉到压力。24小时全天可通信的状态下，人们已在毫无意识的情况下变得无法放松，很多人甚至时刻保持开机的状态。越是那种不定时检查手机就会心神不宁的人，情况就越严重。

为从这种信息依赖症中解脱出来，建议你采取行动，进行"信息绝食"。

首先，关掉接收信息的机器。刚开始，内心会感到不安；形成习惯后，情况就会变好。随之而来的便是一天中的安宁时刻。

另外，设定使用原则也是很有效的。最重要的是有效运用网络，接收必要的信息，而不被网络裹挟，不沉溺其中，确立张弛有度的使用原则。这样一来，就不会被泛滥的信息淹没。

> **逸事**
>
> 笔者会定期进行信息绝食，将所有信息设备留在家中，去森林中沐浴新鲜空气，消解压力。
>
> 压力累积的时候，笔者会去海拔约 1500 米的风景名胜区泡个森林浴。进入森林后，强制自己把手机和信息设置成拒接模式，不让其他事物转移我的注意力。沉浸在静谧和平稳的大自然中，只专注于现在，治愈自己的心灵。

我们来试试吧 进行信息绝食的方法

步骤1

将信息设备关机

将信息终端的电源全部关闭，
让自己有时间专注于现在。

拔掉网线、关掉手机、关闭邮件系统，这样可以不被杂音干扰，做到专注于现在。不带手机外出，做自己喜欢的事，也是很有效果的。

Q 为了远离电子产品，你打算做什么？

步骤2

设定原则

 离开公司后不查看工作邮件。

 只在固定的时间查看网络上的内容。

① 12:00

② 17:00

为有效使用电子设备，获取必要的信息，设定张弛有度的原则是十分重要的。

比如，离开公司后不查看工作邮件，只在固定的时间查看网上的内容等，设定这样的原则也是有效的。

Q 关于查看工作邮件和手机，你打算设定怎样的原则呢？

技能 45　一日即一生

 **要点** 无悔而满足地度过现在这个瞬间，接近零压力地生活

人类的思考是沿着时间轴进行的。那个轴就是过去、现在、未来。

持续消极思考的人，用了太多时间去后悔过去的失败，内心沉痛地担忧着未来，却不能让自己专注于现在这个瞬间，不能看到现在的欢乐、美好、喜悦和自己能做的事。换句话说，他们不能活在当下。

有句话叫作"一日即一生"。所谓一日，即把从晨起到入睡的过程视为从生到死的人的一生，每一日都要无悔而满足地度过。

假设人生是80年，加起来就是3万天。这其中的每一天都有不同的妙处、美好、发现、相遇、觉察、乐趣和命运。

我们后悔过去的失败，焦虑未来的时候，不正是在失去今天这段宝贵、无可替代的时间吗？

生而为人，自不能抹去对过去的后悔、对未来的担忧，但活在现在，无疑是接近零压力生活所必须迈出的一步。

及时感受乐趣，享用美味的食物，去见想见的人。在繁忙的生

活中，如果我们没有认真活好每一天的精神，这一天就会转瞬即逝。

人生是每天、每个小时的连续。最重要的是不牺牲现在，去换取过去和未来。

> **逸事**
>
> **美国的自我启发作家杰里·明钦顿说过，多数人仅用很少的时间来思考现在。**
>
> 在其著作《精英的思考方式》中，明钦顿说，对于很多人来说，"心是不停往复摇摆于过去和未来的钟摆"，即人们只思考过去和未来；如果你能有意识地关注现在这个时间点，就会注意到各个瞬间都有它独特的美丽。

> 我们来试试吧

将一日视为一生的方法

步骤1

只思考一天的事情

如果遭遇可怕的风暴，看不到前路……

▼

照亮脚下，一步一步前行

关注自己脚下，如果今天努力而充实地度过，不久风暴也会过去。

人心中有一半以上的压力源自担心未来和后悔过去，而并非来自于现在的痛苦。处于风暴当中，与其着眼于未来，不如专注于脚下。努力去解决眼前这一天需要解决的问题吧！

步骤 2

写下每日乐事清单

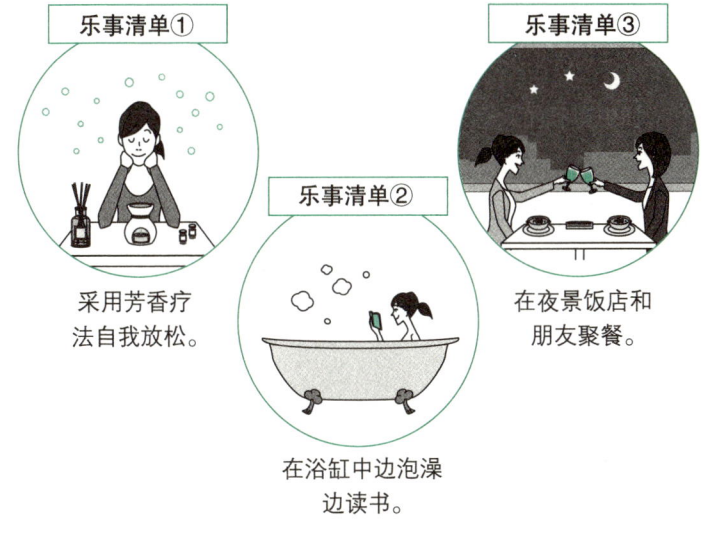

乐事清单①　采用芳香疗法自我放松。

乐事清单②　在浴缸中边泡澡边读书。

乐事清单③　在夜景饭店和朋友聚餐。

**写出每日乐事清单，随时转换心情，
享受当下这一刻。**

即便工作和人际都有压力，头脑中一刻不停地持续思考这些压力亦是对人生的浪费。建议你写下每日乐事清单，随时转换心情，享受现在这个瞬间。

Q 今天你想做的事是什么？

第 9 个习惯
活在当下

总 结

技能 41 身处多项任务并存状态，压力累积时

▶ 写下自己牵挂的事，
训练自己只专注于一件事

技能 42 因过去的失败和对将来的担心而心神疲惫时

▶ 埋头于工作和兴趣，
暂时忘却压力

技能 43 看不到未来，无法做决断时

▶ 设定期限，
在期限内思考并采取行动

技能 44 因信息依赖症而备感压力时

▶ 确定将信息设备关机的时间段，
使用设备的时候确定使用原则

技能 45 因过去而后悔，对未来感到焦虑时

▶ 不过度思考将来，只过好今天这一天，
专注于脚下，采取行动

结束语

衷心感谢你完整地阅读本书。

最后我想对思维习惯的培养方式进行总结,并对本书的应用方法加以说明。

我们分别解释说明了9个习惯,这些习惯共分为四个层次。

第一个层次是"接纳原本的自己""改变看法而非别人"。接受自己、接受他人是摆脱负面情绪的基础。

第二个层次是"彻底地具体化""从各种视角来看问题"。这是为后面几个习惯先行开阔眼界、深化思考的部分,是让头脑产生风暴的两个习惯。

如果有能力具体实施,从多个角度去眺望事物,就容易找到积极的意义,破解完美主义。

第三个层次是"专注于能做的事""接受命运""放弃完美主义""看事物积极的一面"。这几个习惯根据情况的不同,会应用在不同的场景,请你分清场景去应用它们。

摆脱负面情绪的 9 个思维习惯

第一个层次
- 习惯1　接纳原本的自己
- 习惯2　改变看法而非别人

第二个层次
- 习惯3　彻底地具体化
- 习惯4　从各种视角来看问题

第三个层次
- 习惯5　专注于能做的事
- 习惯6　接受命运
- 习惯7　放弃完美主义
- 习惯8　看事物积极的一面

第四个层次
- 习惯9　活在当下

第四个层次是"活在当下"。书籍里禅宗的慧语和化解压力的对策对活在当下的重要性均多有提及。但是在职场和生意场上只活在当下，或许每天都会麻烦不断。

说到底，就是要具体情况具体分析，寻找解决对策，推敲行动计划，明确了今后该做的事情之后，这一习惯才会发挥效果。因此它处于第四层次。

关于今后如何应用本书

读到最后，想必有不少读者会觉得："虽说如此，但性格是天生的特性，无法改变啊。"

诚然，在心理学中也认为积极的性格某种程度上是遗传基因决定的。不过，基因的影响至多只占到50%。我们可以通过改变想法和看法，即改变思维习惯，去塑造余下的50%。

序言中我已经说过，请不要把本书的内容当作知识，而要通过体验把它变成头脑中的智慧。今后如果压力袭来，请你斟酌情况去应用这9个习惯（45个技能）。

使用时，不仅是在头脑中演练，请一定写在笔记本上进行实践，写出来更有利于控制思考过程。

因此，建议养成每天固定时间书写的习惯。孜孜不倦、脚踏实地地保持半年时间，最终会水到渠成，慢慢地你的思考方式就会得到改变。

但如果你处于环境压力很大、情感难以控制的状况，请你先行考虑治愈自己的心灵，也许在治愈的过程中需要专业心理咨询师的帮助。如果内心不具备一定程度的冷静，就难以运用书中的思维习惯。

另外，为支持你养成积极的思维习惯，我向你无偿提供以下特别的典藏：

① 培养习惯的电子杂志

每天回答两个问题，你的思维习惯会切实地发生变化。除了书中的 90 个问题之外，你可以使用为期 2 个月（共 65 次）的进阶邮件，阅读书中的 50 则名人名言和 50 本我推荐的书籍。作为养成习惯的辅助工具，请充分加以利用。

② "贤人会议"的会议记录格式

为你提供"技能 17　彻底成为自己尊敬的人"中所说的"贤人会议"的会议记录格式。有需要的人可以自行下载，详见培养习惯的咨询主页：http://www.syuukanka.com/。

本书在执笔过程中得到了藤田董事的诸多建议，借此机会深表感谢。

接下来，就让我真诚地期待和你的不期而遇吧！

习惯养成咨询师

古川武士

盈利是一种复杂的现象

企业是一种营利性组织。盈利,并且持续不断地盈利,差不多是所有企业追求的目标。然而,盈利也是一种极其复杂的现象。说它复杂,是因为不但难以做到,而且难以说清。不然,这个世界上就没有亏损和倒闭的企业了。

麦当劳是卖汉堡的。你做的汉堡,比他做得好吃,有这种可能性吗?有!但你有可能比他更赚钱吗?没有!可口可乐公司第二任董事长罗伯特·伍德鲁夫说:"我们的可口可乐中99.7%是糖和水。"你做的糖水,比他做得好喝,有这种可能性吗?有!但你有可能比他更赚钱吗?

没有！

因此，某家企业赚钱，绝不是单单因为它的产品质量高，或性价比高。这个道理，和鸟会飞、鱼会游的道理是一样的。鸟为什么会飞？貌似是因为它有一双翅膀。给人插上一双翅膀，能不能飞起来呢？还是飞不起来！鱼会游，貌似是因为它有鳍和鳔。没有与鱼的鳍和鳔类似的器官，人就不能游泳吗？那也不是。**拥有一双翅膀，只是鸟会飞的一个表象。拥有鳍和鳔，是鱼会游的一个表象。产品好，也只是企业盈利的一个表象。**

把东西造出来，需要多方面的知识，不简单。把东西卖出去并挣到钱，则需要很多经营、管理知识，同样不简单！试图在产品上模仿和超越别人，正如同给自己绑上一对翅膀，试图要学鸟飞翔一样可笑。

海尔集团老总张瑞敏说得好："办企业与变戏法当然不一样，但二者有一个重要的共通点，就是看不见的东西决定了看得见的东西。"

产品是我们看得见的东西，技术是我们感受得到的东西，但是还有一些看不到的东西决定着企业的盈利水平。

这些东西是什么呢？就是经营策略和商业模式。

当年，IBM 公司 CEO 郭士纳被人戏称为"饼干大王"。按照他的观点，计算机公司的负责人不用懂计算机，只要懂人性、懂商业就可以了。**马云也说，我不懂互联网，我只是在思考商业模式。**是的，马云本质上是一个商业天才，只不过披了互联网的"马甲"罢了。

不光马云、郭士纳不是技术天才，比尔·盖茨也不是。有人梳理过微软的发展史，其成功的产品大多收购或模仿别人的结果。很显然，盖茨也是一位商业天才，而不是技术天才。这一点，恐怕要超出很多人的想象。

技术和经营有什么差别呢？商品和商业有什么差别呢？

技术只是一种资源，是生产的要素之一。要把产品生产出来，仅有技术是不够的，还要有资金、人才等，当然也包括管理。同样道理，产品也只是一种资源，是经营的要素之一。把产品研发、生产出来，决不等于万事大吉，离把钱挣回来，还有相当长的一段距离。

要实现盈利，除了有新技术、好产品，还要研究顾客。或者说，离开顾客，本无所谓新技术、好产品。在此基础上，还得研究竞争对手，研究时空条件，打磨商业模式，采取经营对策，才有可能盈利。

它们的关系，犹如炒菜和演戏。一盘菜要好吃，不仅要有好食材，而且要有菜谱和厨师。食材再好，直接拿来吃，也是不合适的。一出戏要好看，不仅要有好演员，而且要有好剧本和导演。演员再好，没有好剧本、好导演，也不会有好的效果。

早在1939年，经济学家约瑟夫·熊彼特就指出："价格和产出的竞争并不重要，重要的是来自新商业、新技术、新供应源和新的公司商业模式的竞争。"

管理大师彼得·德鲁克有句名言："企业间的竞争归根到底不是产品与产品的竞争，也不是服务与服务的竞争，而是商业模式对商业模式的竞争。"

在中国，老百姓有这样一句俗语：一年学个庄稼汉，三年学个手艺人，十年难成一个生意人。这也是在说经营的特点和重要性。

因此，如果单纯从盈利的角度看，"商业"确实要比"商品"高出一个位阶。

随着经济的发展，商品变得日益丰富，商家的竞争也越来越激烈。随之而来的是，盈利也越来越困难。在这种环境下，企业要生存并盈利，就必须超越产品意识，学会商业竞争。

北宋人张拟著有《棋经十三篇》，在围棋界影响非常大，其中有这样一段文字："凡敌无事而自补者，有侵袭之意也。弃小而不就者，有图大之心也。随手而下者，无谋之人也。不思而应者，取败之道也。"

这段话的大意是，凡是对手无缘无故地自行补强时，就表明他意在进犯突袭；放弃局部的棋子不救时，就表明他意在争夺大局的优势。随手投子的人，那是没有谋略的棋手。不假思索而仓促应对，这是走向失败的原因。

它告诉我们一个什么道理呢？**下棋不能随意落子，不能只顾眼前，一定得有全局思维。换言之，"没有人能随随便便成功"**，任何人随随便便只会失败。

做企业，也是同样道理。不能耍小聪明，不能得过且过，更不能投机取巧。它需要有意识、有目的的努力，需要有组织的努力，需要持之以恒的努力！

产品、技术以及资本等，都是重要的经营要素，它们本身不是经营，更不是经营的目的。把所有资源整合到一个系统中，一个大的格局中，让它发挥单一资源所不能发挥的效力，这才是商业竞争的要义。

本书基本上围绕企业盈利这个话题展开，总体设计是这样的：从问题和现象入手，紧紧围绕与盈利有关的财务指标，深入分析盈利的本质和规律，广泛探讨提高企业盈利水平的策略和方法，力图揭示企业可持续成长的内在机理。

本书第1篇，"企业家要会讲故事"，探讨市值问题。第2篇，"读懂企业'八卦图'"，探讨报表分析和财务评价，这个涉及企业家的素质和基本功。第3篇，"毛利率是个'毛'东西"，探讨盈利的基础。第4篇，"人人要懂市盈率"，探讨盈利的未来趋势。第5篇，"实业如何与资本打交道"，探讨投融资问题。第6篇，"万般生意三条路"，探讨净资产收益率的驱动因素，以及经营策略问题。第7篇，"企业到底增长多快合适"，探讨可持续增长率，以及企业发展速度问题。第8篇，"经营企业要学会'过河拆桥'",探讨盈利的保护机制问题。第9篇,"世上本没有利润",则试图全方位探讨利润的本质。第10篇、第11篇,"投资大师巴菲特的过人之处""学习巴菲特,做真诚的投资者",谈投资、经营,也谈人生智慧与人格修养。企业是企业家人格的外化。第12篇"企业家要跟李嘉诚先生学做人",集中探讨企业家人格修养。

还有一点需要着重说明的是,本书是我过去一年多里,所写部分文章的汇集。这些文章的绝大部分,曾在鲁中管理文化书院公众号里发布。因此,虽然这组文章有共同的中心和主题,但前后并没有一以贯之的严格的逻辑。虽然如此,但本书开篇谈想象力,谈格局,末篇谈人生观,谈做人,中间谈盈利的各个侧面和环节,也不失为一个有机的整体。恰如博瑞森的编辑朋友所评价的那样,本书"形散而神不散"!但愿这不只是朋友间的过誉之词!

又要出书了,非常高兴。为使读者朋友对本书有一个整体的了解,特此啰唆几句,是为导读。

高可为

2017年10月23日

目录

导　读　盈利是一种复杂的现象

第 1 篇　企业家要会讲故事

　　　一、故事也是生产力　002

　　　二、什么样的故事别人愿意听　007

　　　三、如何讲故事别人才会相信　011

第 2 篇　读懂企业 "八卦图"

　　　一、"八卦图"的兴起　020

　　　二、企业 "八卦图" 说些什么事儿　024

　　　三、如何判断企业的 "吉凶悔吝"　030

第3篇　毛利率是个"毛"东西

一、毛利润就是带"毛"的利润　036

二、毛利率高低和什么有关　038

三、离开毛利率就没法活吗　041

第4篇　人人要懂市盈率

一、市盈率的产生　046

二、市盈率意味着什么　049

三、市盈率由什么决定　052

第5篇　实业如何与资本打交道

一、资本是天使还是魔鬼　056

二、资本的本质是什么　058

三、实业如何与资本共舞　061

第6篇　万般生意三条路

一、企业领导应该求何果，种何因　068

二、哪些因素决定盈利水平高低　071

三、杜邦方程式揭示的商业秘密　079

第7篇　企业到底增长多快合适

一、光长个头和块头不能叫成长　088

二、高速成长是一场巨大的挑战　091

三、良性发展必须有理性的态度　097

四、良性发展应该考虑哪些因素　101

五、企业增长速度到底多快合适　104

第8篇　经营企业要学会"过河拆桥"

一、什么样的企业最赚钱　112

二、企业利润从哪里来的　115

三、竞争壁垒有什么价值　119

四、经营者要有壁垒意识　121

五、建立壁垒有哪些路子　125

第9篇　世上本没有利润

一、利润具体是什么　132

二、挣的钱都到哪儿去了　138

三、挣的钱可以随便花吗　141

四、利润水平越高越好吗　147

五、经营要以利润为中心吗　151

第10篇　投资大师巴菲特的过人之处

一、大师境界，无人企及　160

二、大巧在所不为，大智在所不虑　162

三、财富尽在人性当中　170

第11篇　学习巴菲特，做真诚的投资者

一、按"内部记分卡"行事　176

二、嘴在哪里，钱放哪里　180

三、诚则明矣，明则诚矣　183

第12篇　企业家要跟李嘉诚先生学做人

一、人生境界，有高有低　190

二、没有自我，一事难成　193

三、固守自我，就此止步　196

四、放下自我，海阔天空　198

五、改造自我，永无止境　201

第 1 篇
企业家要会讲故事

"马云"们都是怎么玩的？有人说，靠"忽悠"。其实，准确地说，应该叫讲故事。忽悠和讲故事的区别在于讲故事的人是否相信。成功的企业家往往都是讲故事的高手。他给自己讲的故事叫使命，给员工讲的故事叫愿景，给投资者讲的故事叫商业模式，给政府讲的故事叫社会责任。讲故事的能力是描绘蓝图的能力，也是整合资源的能力。

一、故事也是生产力

有一个故事，很多年前就读过。当时，没有品出它的味道，但它一直在我心头萦绕。故事的大意是这样的：

普法战争结束，法国打了败仗，很多士兵饥寒交迫，回不了家。有一个法国士兵敲着破烂不堪的钢盔说："我要做一锅味道鲜美无比的'石头汤'！"他还说，做"石头汤"的宝石是祖上传下来的。附近的村民很好奇，纷纷表达喝汤的愿望。他说，可以呀，但是你得拿点东西做交换。村民们为了喝上新奇的"石头汤"，纷纷拿出自己家里有的土豆、肉末、大头菜等。故事的结局是：大家都喝上了味道鲜美无比的"石头汤"，那个法国士兵回到了自己的家乡。

这个故事有好几个不同的版本，内容多少也有些出入。不同的人讲这个故事，试图说明不同的道理。我突然发现，那个法国士兵非常具有企业家精神，或者说，企业家做企业的道理和士兵吆喝和贩卖"石头汤"的道理是完全一样的。

首先，他们在起点和结局上是一致的，都是从零起步、无中生有，非常欠缺资源。结局也都是一样的，那就是理想变成了现实。

法国士兵靠讲"石头汤"的故事达到了自己的目的，企业家靠讲"石头汤"的故事成就自己的事业，只不过石头汤的"石头"不同而已。**哈佛大学的肄业生比尔·盖茨讲了一个"石头汤"的故事,地球人相信了,他成了世界首富。**比尔·盖茨的那块"石头"叫——每张桌子上和每个家庭里都有一台计算机。曾经三次参加高考的马云也讲了一个"石头汤"的故事,地球人相信了,他成了中国首富。马云的那块"石头"叫——让天下没有难做的生意。"石头汤"的石头是一个概念,"石头汤"是一个关于未来的故事。讲故事、卖概念的手法,那个法国士兵在用,企业家也在用。

其次,他们在方法和路径上也是一致的。他们的基本方法都是:勾勒蓝图,赢得信任,获取资源,物化蓝图。**蓝图只不过是一张纸,这张纸不重要,可这张纸承载的东西非常重要。蓝图承载的东西是什么呢?是自己的承诺和大家的预期。**大家相信你的承诺可以兑现,相信自己的预期可以实现,就会甘愿贡献资源、付出牺牲。有人肯付出,资源就会越聚越多,发展也会越来越快,事业也就越做越大,所谓"众人拾柴火焰高"。这种发展一般是滚雪球式的,但也可能是雪崩式的。

一块石头怎么就煮出一锅味道鲜美无比的羹汤了呢?其中的关键在于一个字——信。**"石头汤"有没有滋味不**

重要,别人相信它味道鲜美无比才重要。别人相信石头汤味道鲜美无比,就会产生尝鲜的愿望。要喝石头汤,就得拿资源做交换。有了资源,就真的能做出一锅味道鲜美无比的石头汤。相信的人越多,想喝汤的人越多,这锅汤的滋味就会越鲜美。一锅味道鲜美无比的石头汤这样不就出来了吗?!

一个故事怎么就能成就一家叱咤风云的企业呢?其中的道理也是一样的。马云讲了一个"石头汤"的故事。瑞典银瑞达(Investor AB)公司的投资主管蔡崇信。为了喝上马云的"石头汤",舍弃了年薪70万美元的工作。雅虎搜索引擎专利发明人吴炯成为阿里巴巴的天使投资人。高盛公司信了,它也想喝"石头汤",并为此支付了500万美金。日本的孙正义信了,他也想喝"石头汤",第一次就支付了2000万美金,后来还曾连续多次为"喝汤"埋单。最后是美国的股民相信了,也想喝马云的"石头汤",他们为此的付出甚至高达250亿美金。为了喝上马云的"石头汤",蔡崇信、吴炯等人贡献了自己的才华和心血,高盛、软银则贡献了自己的财务资源。手头拥有这么多的资源,马云的这锅"石头汤"不想做好也难呐!

再进一步说，这也是企业发展的一般逻辑。西方国家资本市场比较发达，这种环境下成长起来的企业家把这一逻辑发挥得淋漓尽致。**他们都很擅长讲一个故事，激发大家对未来的想象和预期。一旦这种预期得到大家的认可，他们便会及时运用金融手段把这种预期资本化、资源化，这些金融手段包括吸收风险投资和股票上市等，这是第一步。第二步是利用变现来的资金、资源，大力实施购并，做大经营规模，优化竞争格局，推动企业发展，进而把当初的预期变成现实。**从预期到预期资本化、资源化，再运用到手的资源去推动预期的实现，循环往复、周而复始，企业越做越大。

他们很擅长"花明天的钱办今天的事，花别人的钱办自己的事"，资金和资源对他们而言好像从未构成企业发展的障碍。这种景象用"金融大鳄"乔治·索罗斯的话说，就是"不是现在的预期符合将来的情况，而是现在的预期造成了今后发生的事件。"这个套路，西方企业家玩得很顺畅、很轻松。这些年，中国企业家也学会了。阿里巴巴是这么走过来的，腾讯、京东、小米也是这么做起来的。

讲好故事，有三点需要注意：

首先，要讲自己相信的话。

人都愿意听真话，而不愿意听假话。要想让人愿意听，首先自己要相信。如果连你自己都不相信，那就纯粹是"忽悠人"。企业家讲故事有三部曲：自己相信了，别人相信了，理想实现了。

信心这个东西很奇特，它会感染、会传递。只要你坚信自己，就会有人跟着相信你；只要有人相信你，就会有更多的人相信你。信心会产生"滚雪球"效应，但这个雪球的核心恰恰就是我们自己。马云的故事先是打动了他自己，然后是打动了"十八罗汉"，也就是他最初的十八个创业伙伴，接着是打动了投资人，当然也打动了广大的用户和消费者。企业成长的过程是积累资源的过程，也是累积信心的过程。

其次，要讲别人能懂的话。

人都愿意听"人话"，而不愿意听"鬼话"。所谓"人话"就是人能懂的话，"鬼话"就是人不能懂的话。讲故事要说"人话"，这样别人才能懂你。别人不懂，你就达不到沟通、传播的效果。没有沟通，也就没有合作成功的企业家往往都是讲故事的高手。他给自己讲的故事叫使命，给员工讲的故事叫愿景，给投资者讲的故事叫商业模式，给政府讲的故事叫社会责任。讲故事的能力是描绘蓝图的能力，也是整合资源的能力。它是一种想象力、整合力、创造力，也是一种发现、发展生产力的能力。管理大师彼得·德鲁克说，创新就是赋予资源以新的创造财富的能力。我们要说，讲故事的能力实质上是企业家能力或者说是企业家的创新能力的体现。

二、什么样的故事别人愿意听

为什么会讲故事的企业容易成功呢？

按照我的理解，那是因为他们在用形象思维的方式表达一个独特的商业逻辑，这种表达方式容易让人理解、接受，因而也容易得到广泛传播。好的故事都像长了"翅膀"，可以跨越时空、自由穿梭。信息不对称是商业社会亘古存在的难题，好的故事则以其特有的吸引力、穿透力、公信力，使这一问题化解于无形。

的可能。不说"人话"有两种情况：一种是存心不良，另一种是方法不当。

有时候，有些人故意说一些令人费解的话。这时候，你要提防他了。他很可能是要混淆视听，以便投机取巧。**美国前总统林肯说：**"你可以一时欺骗所有人，也可以永远欺骗某些人，但不可能永远欺骗所有人。"中国大文豪**鲁迅先生则说：**"捣鬼有术，也有效，然而有限。所以，以此成大事者，古来无有。"无论是在商品市场还是在资本市场，你蒙骗不了谁的，假如别人不懂你，那就会敬而远之，不跟你玩。大家都不跟你玩，那你也就彻底没戏了。

我们讲的故事如何才能做到别人听得懂呢？西方人提出的KISS原则可资借鉴。所谓KISS，是"Keep it Simple and Stupid（让故事简单得傻子都懂）"这句话中英文单词首字母的缩写。讲故事达到KISS的要求并不容易。

中国的企业家和投行家好像学到了KISS原则的精髓。在中国公司赴美过程中，他们习惯把自己的公司与美国商业模式相近的公司类比，直接把自己的公司说成是美国的×××公司，如美国的雅虎、美国的谷歌、美国的亚马逊等。新浪公司联合创始人林欣禾曾这样解释当年的做法："**新浪当年上市的时候，我们就说我们是雅虎。你不能告诉投资人你的业务有多复杂。路演时你只有30分钟，就像给一个五岁的孩子没法解释清楚微积分一样。**"他们的做法都收到了很好的效果。

第三，要讲有想象空间的话。

人都愿意听动听的话，而不愿意听平淡无奇的话。人心这个东西很奇妙，尽管能让自己心动的东西不一定能让别人心动，但不能让自己心动的东西肯定也不能让别人心动。要想打动别人，首先要打动自己。怎样才能打动自己？肯定是足够伟大的事情，肯定是让人产生无穷遐想的事情。

阿里巴巴创造了2500亿美金的市值，很大程度上也是因为马云讲的故事想象空间非常大的缘故。赴美上市的招股书显示，阿里巴巴是全球最大的电子商务交易平台，涵盖零售与批发贸易两大领域。淘宝、天猫与聚划算，构成"中国零售平台"；阿里巴巴国际站和1688.com，分别是国际与国内批发贸易平台；速卖通是阿里旗下的国际零售平台。阿里巴巴占据了中国在线购物市场80%的份额，2013年交易额达到了2400多亿美元，超过了eBay和亚马逊交易额之和。阿里巴巴既不买东西又不卖东西，但是它拥有世界上最大的让人做生意的平台和舞台，中国是世界上最大的发展中国家，它的故事足以让人心动！

由此可见，好故事让人懂、让人信、让人动，让人一听就懂、深信不疑、怦然心动。讲好故事的关键是，要做到双向吃透、双向翻译。所谓"双向吃透"，就是既吃透自己，又吃透对方。所谓"双向翻译"，就是既能读懂对方的意思，又能用对方能懂的语言表达自己的思想，让对方也懂自己的意思。只有这样，我们讲的故事才能插上翅膀，飞到人们的心里去。讲好故事需要具备商业功夫，需要掌握语言艺术，更需要洞察人心、人性。能讲一个别人愿意听的故事，还真不是一件容易的事情！

三、如何讲故事别人才会相信

企业家如何讲故事才能获得成功呢？

企业家讲故事能不能成功，公信力至关重要。公信力就是大家都相信你。有公信力，大家都相信你，资源

就会向你聚集，你做事自然容易，事情成功的概率也就大大提高；没有公信力，大家都不相信你，你很难获得资源和支持，于是做事便会很难。

企业家如何才能获得这种公信力呢？这里有三点需要记取：

第一，修炼人格。

公信力首先是个人格问题。有些人，他说什么别人都相信；有些人，他说什么别人都不相信。这就是人格问题。在商业社会里，如果人格不可靠，那就没有能靠得住的东西了。这个道理，美国历史上最著名的金融家约翰·皮尔庞特·摩根悟得很透。摩根在国会听证会有一段非常著名的对白——

昂特迈耶：商业信贷难道不是主要依靠金钱或地产吗？

摩根：不是的，先生。首先依靠的应该是人格。

昂特迈耶：比金钱或地产还重要吗？

摩根：比金钱以及任何其他东西都更加重要。金钱买不来人格……因为一个我不信任的人，即使他拥有世界上所有的债券，也没法从我这里拿走一分钱。

摩根还举了一个例子有意把自己的观点渲染了一番："我记得当初有个人走进我的办公室,当我知道他连一分钱也没有的时候,我就给了他一张 100 万美元的支票。"在摩根看来,强调人格道德,而是一种极高超的商业技巧。

人格的核心则是诚信。诚信,简而言之,就是说到做到。

第二,累积信用。

讲故事能换来资源,靠的不是别的东西,而是信用。所谓"信用",就是别人相信你,借点东西给你用一用。别人借给我们用的东西,可能是资金、资源,也可能是智慧、心血。企业这棵小树要长大,离不开心血的浇灌,离不开资源的挹注。操心资源、金融资源都不是凭空来的,是要靠企业家融智、融资融通来的。资金、资源的融通都离不开信用。

马云在人格方面也很出色,他说过的话都变成了现实,所以他讲的故事大家也都信。在阿里巴巴还不能盈利的时候,马云说阿里巴巴要实现年利润 1 个亿,很快阿里巴巴就实现了。后来，马云又说阿里巴巴每天要缴100万元的税，很快阿里巴巴也实现了。有人专门写了一本书，说马云讲过16个商业预言都变成了现实。为什么马云能从美国拿回200多亿美金？因为马云很清楚："国外的投资者不会听你讲概念，而是要问你到底干什么，过去干什么，今天干什么，未来干什么，而且你还要有记录。"马云信用记录良好，所以他讲的故事，大家都愿意相信。

第三，自己公信力不足，也可以找人背书。

在发达的资本市场和成熟的市场经济社会，公信力是一种稀缺资源。既然是一种稀缺资源，那么它就有商业价值。假如我们自身的公信力不足，也可以找人背书以赢得更多人的信任。公证处、担保公司是从事这个行业的，高级别的咨询公司、投资银行也是从事这个行业的。当然，获得这个东西，需要我们付出一定的商业代价。

2004年6月，国美电器在中国香港成功上市。由于国美电器的家族企业背景，尽管经营业绩良好，但公司在资本市场的表现却远不如预期。为了改变资本市场的看法，国美决定引入国际著名的战略投资机构。2006年

2月,华平投资公司认购国美电器发行的1.25亿美元可转换债券及2500万美元认股权证。很显然,国美看中的并不仅是华平的钱,而是他的国际资本背景。华平投资公司成立于1966年,是美国历史悠久的私募股权投资公司。有了华平的背书和自身治理结构的改善,投资者对国美电器的信心随之改观。国美电器股票复盘时,股价随即迎来了40%的大幅上涨。为什么?就是因为股民的信心增强了。

苏宁也是一家电器零售商,2010年以来积极实施互联网转型战略。但企业在转型过程中遇到了很多困难,资本市场也不看好它的转型,股票价格一路下滑,从十几块钱跌到了几块钱。2012年苏宁净利润同比下跌44.37%,2013年净利润下跌86.32%。进入2014年,苏宁的股价还曾一度跌停。2015年8月10日,苏宁与阿里巴巴达成全面战略合作协议,阿里巴巴投资约283亿元人民币,占苏宁云商19.9%的股份,成为苏宁第二大股东。社会各界对该公司的看法由此陡然改观,不但苏宁云商股价在深交所大涨10%,而且也带动了友商国美电器的股价大涨16%。其中原因很多,毫无疑问,阿里巴巴背书的功劳很大。

《大学》上说:"心诚求之,虽不中,不远矣。"其实,讲好故事本没有技巧,假如有技巧的话,也只有一个字——诚。诚者,成也。你心诚了,事也就成了。

附记:通往大公司之路

世界上的大企业都是怎么做起来的?或者用时下的流行语说,都啥路子?这个问题像谜一样折磨了笔者十几年。当然,回答这一问题,并不容易。到今天为止,总算有了一个初步的说法——讲故事!

资本运作、企业文化、战略管理等很多学科的知识,皆可以佐证"讲故事"的价值和重要意义。讲好故事,并不容易。讲好故事,非常重要。讲故事,是蕴涵一个很多意象的"隐喻"。对于很多复杂的问题和现象,也只能用隐喻的方法加以说明。

因此,企业家真的要学会讲故事。企业家要会对员工讲故事。只有这样,才会有优秀人才的加盟!企业家要会对资本市场讲故事。只有这样,才会有优质资本的捂注!企业家要会对社会讲故事。只有这样,才能赢得社会各界的支持!故事想象空间大小,可信度高低,往往决定公司市值大小。

与公信力和想象空间相比,眼前能否盈利,都变得不那么重要!京东集团连续亏损12年,亚马逊公司连续亏损20年,但这都没有影响它们成为世界级大公司。因为它有公信力,大家对它的未来有信心。孔子尝言:"民无信不立!"诚哉斯言!

第 2 篇

读懂企业"八卦图"

财务会计报表，密密麻麻排列着很多数字，包含着许多信息。它到底透露出哪些财务信息？不是难以说清，而是根本就说不尽、道不完！形象大于思维，而财务会计报表恰恰是一幅画！报表是企业的"八卦图"？初一想，觉得有些荒诞。仔细一想，还真是那么回事儿。

一、"八卦图"的兴起

刚学财务时，一看到报表，就感到非常困惑。一行、一行又一行，一列、一列又一列，感到无从下手。笔者相信很多人也会有同样感受。

后来，看了很多书，听了很多课，似乎也没有太明白。因为报表到底能透露出哪些信息，看报表具体要遵循哪些步骤，每本书、每个老师说法都不尽一致。

工作过程中也了解到，很多企业负责人也视报表为畏途。他们常说的话是："你别让我看（报表）！让我看，我也看不懂！"还有一些人，只看一张报表，那就是利润表。看利润表，也只看最后一项，就是最近一个时期的利润数。

有时候真怀疑：不是学生没有学明白，而是老师没有讲清楚！进一步又想：为什么会是这样？普普通通几页纸，为什么那么多人看不懂？简简单单几张表，为什么那么多人说不清？

当对《易经》有了一点了解以后，笔者对这个问题有了豁然开朗的感觉。

"易经"为什么那么难懂？第一，它离我们太久远，语言习惯和思维习惯，和我们都不一样。第二，它言约意丰，字数很少，表达的内容却很丰富。第三，它既有文字，又有图形，和一般的图书不一样。

"易经"最主要部分的是"六十四卦",每一卦又由"六爻"组成。当然,也包括一些文字。但那叫"卦辞"和"爻辞",是用来解释"卦象"和"爻象"的。"卦"和"爻"到底是什么意思呢?

《周易正义》:"卦者,挂也,言悬挂物象以示人。"所谓"卦",就是"挂"的意思。"一卦"就是"挂在眼前的一幅画"。作者试图模拟各种不同的情景,表达自己对自然、宇宙的认识和理解。所谓"爻",就是"效"的意思。作者要用最简单的符号,仿效事情各阶段的变化。那为什么古人要用一幅幅的图画,表达自己对自然、对人事的理解?

对于这个问题,孔子给出的理由是:"书不尽言,言不尽意!"写出来的文字,不能充分表达嘴里想说的话。嘴里说出的话,也不能充分表达脑子里的想法。一句话,语言、文字本身有很大的局限性。

怎么克服这个矛盾?孔子说,圣人的办法是"立象以尽意,设卦以尽情伪,系辞焉以尽其言,变而通之以尽利,鼓之舞之以尽神。"说不清、道不明的事情,就用"画像"的方法来表达。"绘图说明"也有局限性,怎么办?就在"图像"旁边附上文字,加以补充说明。

用"象""形象""画像""图画"表达思想,其实就是我们今天所说的形象思维。形象思维有其优越性,用文艺理论上的说法,就是"形象大于思维"。难以说清的事情,就用"形象"说明,这是一个好方法,也是一个无奈的方法。

一帮人组织起来,从事经营活动,就叫企业。企业是人类历史上出现的一种非常复杂的现象,当代企业的复杂程度,更是超出人们的想象。比如沃尔玛公司,它一年要出售5000亿美金的物品,那是一个中等国家的经济规模。再比如,麦当劳快餐,拥有32000多家分店,在全球120多个国家和地区开展业务。这也是一组令人震惊的数字。

在如此复杂的事物面前,语言是苍白无力的,逻辑的作用也很有限。怎么办?只能用形象思维,用"绘图"

的形式加以说明。会计今天所面临的问题，恰恰是3000多年以前我们所面临的问题。问题是一样的，解决问题的方法也是一样的，那就是画图和形象思维。于是，就有了企业的"八卦图"。用标准的现代语言说，就是所谓的会计报表。

报表是企业的"八卦图"？初一想，觉得有些荒诞。仔细一想很有道理。

二、企业"八卦图"说些什么事儿

企业是一个不断运动的实体，经营是一种非常复杂的现象，要描述它、抓住它的本质和动向是非常困难的。会计是怎么描述和刻画它的呢？会计是从企业的资金运动这个侧面切入的。企业里的各种活动，绝大多数可以归结为资金运动，抓住资金运动就抓住了企业信息的根本。

只要企业在经营，它里面的资金运动，就会像水一样，川流不息，不曾止歇。全面描述这样一个复杂的实体和现象，语言、文字都是难以胜任的，甚至一幅"图画"也表达不清。于是，现代会计用"四表一注"表达它。

所谓"四表一注"，即资产负债表、利润表、现金流量表、所有者权益变动表以及会计报表附注。"四表"可以理解为关于企业的"四卦"或"四幅画"，"一注"是对会计报表的补充说明，可以理解为"四卦"的"系辞"。

是不是这样呢？我们看看其中主要的"两幅图画"。

第一幅图画，叫资产负债表。它是描摹企业财务状况的一张会计报表，如表2-1所示。

表2-1 资产负债表（简表）

资产：资金去脉		权益：资金来龙		
1. 流动资产	①货币资金	负债	1. 流动负债	①短期借款	债主权益
	②存货			②应付账款	
				③预收账款	
				④应付工资	
				⑤应付股利	
				⑥应交税金	
	③应收账款		2. 长期负债	①长期借款	
				②应付债券	
				③长期应付款	

续表

资产：资金去脉	权益：资金来龙			
2. 长期投资	所有者权益	1. 投入资本	①实收资本	业主权益
3. 固定资产			②资本公积	
4. 无形资产		2. 留存收益	①盈余公积	
5. 其他资产			②未分配利润	
投资活动	筹资活动			

什么叫财务状况？企业占用的东西或资源，叫资产。但资产不都是企业自己的。所有的企业，都不可能不欠别人一分钱。企业欠别人的钱，叫负债。资产除去负债，才叫所有者权益。简言之，企业所拥有的，哪些是别人的，哪些是自己的，就是所谓的财务状况。用财务语言表达，就是资产负债情况。

资产负债表的左侧，表示企业里的资金来源。其中有两种不同性质的资金来源：

一种是债务资金，就是借的别人的钱。企业能借谁的钱呢？除了银行的钱，还可能借用供应商、经销商、客户等个人或机构的钱。这些事实最终会体现在资产负债表左上侧负债栏的相关科目。

另一种是权益资金，就是所有者放在企业里的钱。所有者放在企业里的钱，又可以分为两种情况：一种是创业时的资本金；另一种是企业经营过程中的收入，但所有者没拿走，留在企业里的钱。

资产负债表的右侧，表示企业里的资金都用到哪里去了。企业资金都到哪里去了呢？有两种最基本的去向：一种是建设厂房、添置设备，为生产经营创造必要的物质基础。这叫固定资产。另一种是采购原材料、存货备货，用于生产经营过程中的。这叫流动资产。

当然，也可能把钱放在别人那里了，让别人帮我们赚钱，就是所谓对外投资；也可能用于开发或购买技术专利等无形资产。总的说来，有五大去向。用财务语言表述，就是资产有五种基本表现形式。

第二幅图画，叫利润表。它是描摹企业经营过程和经营成果的一张会计报表，如表2-2所示。

什么叫经营？对于制造企业来说，买东西、造东西、卖东西的过程，就叫经营。经营成果，就是企业干活儿挣的钱。买东西的过程，叫采购；造东西的过程，叫生产；卖东西的过程，叫销售。制造型企业的经营，基本上就供产销三件大事。

企业在一段时间里干了多少活儿、挣了多少钱，创造了多少经营成果，就是通过利润表反映出来的。企业卖了东西,叫销售收入。销售收入,是企业经营成果的重要来源。

表 2-2 利润表(简表)

1	加:主营业务收入	主营业务毛利			
	减:主营业务成本-料工费				
	减:主营业务税金及附加				
	得:主营业务利润				
2	加:其他业务收入	其他业务毛利	营业利润		
	减:其他业务支出				
	得:其他业务利润				
3	减:销售费用	经营成本		利润总额	净利润
	减:管理费用				
	减:财务费用				
	减:资产减值损失				
	得:营业利润				
4	加:投资收益	非经营利润			
	加:补贴收入				
	加:营业外收入				
	减:营业外支出				
	得:利润总额				
5	减:所得税				
	得:净利润				

"巧妇难为无米之炊",要造东西就得有原材料,在

会计上称为直接材料。原材料还要找人加工，这就需要人工费开支，在会计上称为直接人工。有料、有人，就需要管理，这方面的开支为制造费用。这三项费用构成生产成本。

但把产品生产出来，并不是企业的最终目的。产品生产出来以后，还要想方设法把它销售出去，这中间也会发生很多费用。比如，要打广告，要招业务员，这类的费用称为销售费用。在企业里，工人从事生产，业务员从事销售，这都是离不了的。

但也有一类人，虽不从事具体业务活动，但却不能忽视，那就是管理人员。企业用在这方面的花费，称为管理费用。企业在筹资过程中，也会发生一部分费用，这称为财务费用。销售费用、管理费用、财务费用三项构成所谓"三项期间费用"。

企业干了多少活儿，用销售收入表示。花了多少钱，用三项生产成本和三项期间费用表示。总收入减去总费用，就构成企业经营成果的主要组成部分。这在财务上，被称为净利润。

有人说，资产负债表是给企业拍的一张"快照"。透

过这张"照片",可以看清企业资金的来龙去脉。利润表是给企业拍的一段"录像"。透过这段"录像",我们可以看清企业资金变化的过程和结果,如表 2-3 所示。

表 2-3　一图览尽企业所有经济活动

资产负债表		利润表	所有者权益变动表
流动负债	流动资产	收入	实收资本
非流动负债	非流动资产	成本费用	资本公积
所有者权益		所得税	盈余公积
负债和所有者权益	资产总额	利润或亏损	未分配利润
筹资活动	投资活动	经营活动	分配活动
	现金流量表		

企业每天人进人出、钱进钱出、物进物出,非常复杂,难以言说,财务报表用几幅"图画"就介绍清楚了。但这几幅"图画"蕴涵的信息非常丰富,用语言、文字是表达不尽的。

三、如何判断企业的"吉凶悔吝"

"八卦"蕴涵的内容非常丰富,对它解读也就变得非常不易。"易经"用"卦象"和"爻象"表示事情的发展变化，用吉凶悔吝表示对形势的判断。

客观形势对当事者有利，就为吉。客观形势对当事者不利，就为凶。行为不当，十分懊恼，就为悔。举棋不定，拿不定主意，就为吝。吉凶表示外在的得失，悔吝则表示内心的感受。

同样道理，报表提供了企业情景、情势的"八卦图"，"吉凶悔吝"还要靠自己判断。如何判断呢？同解读"八卦图"一样，并非一件易事。这里有两条经验可供借鉴。

多年以前，从朋友那里学到一句话：先扣帽子，后扎小辫儿。什么意思呢？先把一个不好的名目，强加到某个人头上，然后再找证据加以证明。其实，我们也可以把它用于财务分析当中。

具体说，在财务分析过程当中，首先要有一个假设或判断，然后到报表寻找相关的数据，支持或支撑你的这种判断。比如，经济形势不好，企业业务不好，库存积压增多。这个时候，你会有一个预感，流动资产的存货项目，应该比以往有所增加。因而资产负债表的相关项目，也应该有所体现。不然，报表可能就有问题。

反过来说，道理也一样。**你没有经验，没有感觉，没有判断，在这种情况下去看报表，非常容易陷入数字迷宫。**用现代管理之父彼得·德鲁克的话说就是，"没有见解，就掌握不了事实。"没有感觉，一堆数据永远只是一堆数据，你根本不可能把它利用起来，说明一个问题。

不学财务的人，往往不知道一个基本事实：单一的财务数据不说明任何道理！你如果觉得它资产规模大，肯定有比它更大的。假如它资产负债率是85%，那么这点资产规模就变得更加没有意义。再比如，某公司的利润率是40%。乍一看，可能觉得比较高了。但如果它的周转率很低，这也没有多少意义。

所以说，**所有的财务数据都有片面性，所有的财务指标也都有片面性。不光财务数据、财务指标有片面性，财务报表也有片面性。**报表编出来已经是过去时了，你用过去的数据说明现在和未来吗？太难了！它只是一个工具、一个窗口，供我们参考、借鉴。

财务数字和财务报表的背后，都是客观的经济事实。所以，进行财务分析时，一定要注意账实结合、账事结合。中国古语说得好，兼听则明，偏信则暗。只有反复印证、相互参照，才能抓住事物的本质，看清事情的真相。

附记：换个角度天地宽

有一次，在济宁讲课。有个企业家和笔者聊天，他说，我们这些人，其实不少听课。言外之意呢，听你讲课也没有什么稀奇的。他又说："听×××的课，我得头疼两个星期！听您的课，不头疼。"×××是非常有名的财务专家。他这话什么意思呢？其中固然不乏恭维的成分，但也是某种程度的认可。

笔者不是什么专家，也当不了什么专家。这一点，笔者从不否认，但笔者也有自己的原则和风格。

第一，笔者不装。懂就是懂，不懂就是不懂，决不不懂装懂。第二，笔者说"人话"。什么叫人话？普通人、正常人能懂的话，决不使用自己不懂的专业词语。即便使用，也要转换成日常口语，再去表达。第三，笔者有自己的立场。一定要站在企业家的立场上说事情，一定要站在企业全局的高度看问题。

当然，笔者的书和课也不是让所有人都满意。有人善意批评我：你的这些东西啊，专业人士觉得不够专业，非专业人士觉得不够通俗。这话不是没有道理。但这真是一个没有办法的事情。笔者不想当什么专业人士，更不想当什么非专业人士，只想当一个对企业家有用的人士！

报表的背后都是实物或实事，说"人话"也能把报表说清楚。财务的背后是业务，业务的结果是财务。跳出报表看报表，方能看到报表的全貌。反之，脱离实物或实事等原始信息，在一些概念上打转，会有好的出路吗？笔者不相信。

第 3 篇

毛利率是个"毛"东西

毛利率是企业盈利的基础。巴菲特说，一家公司的毛利率不应低于40%。否则，就称不上是好公司。雷军却说，高毛利率其实是一条不归路。毛利率到底是什么东西？毛利率是越高越好吗？低毛利率或负毛利率怎么存活？

一、毛利润就是带"毛"的利润

毛利率是企业领导们挂在嘴边的一个词，也是衡量企业盈利能力的一个重要指标。毛利率是毛利润除以销售收入的比率。它的计算并不复杂，它的含义也不难理解。但真吃透它，却不容易。

毛利率的概念，是建立在毛利润的基础之上的。对于商业企业来说，毛利润就是商品进销差价，即商品销售收入减去商品进价后的余额。对于工业企业来说，毛利润就是商品销售收入减去销售成本以后的余额。销售成本主要指料、工、费等生产制造成本。毛利润表示的是产品的"含金量"。

毛利润尽管也称为利润，但它并不可以直接拿来分享。"毛利润"的"毛"，可以理解为带毛的、粗糙的、大概的、不纯净的。正如捕了一只兔子，没剥皮，没去毛，还不能享用。企业的销售收入，还得拔几次毛，剥几层皮，才能得到干净、纯净的利润。应该剥去哪些东西呢？主要是期间费用，以及应该上交国家的税收等。期间费用则包括销售费用、管理费用、财务费用等。除去这些东西，才是净利润。

为什么要计算毛利润呢？第一，有些成本可以暂时忽略不计。一些期间费用属于固定成本，无论有没有业务，它都会发生，故可以暂时不予考虑。第二，出于计算的方便。期间费用在总成本中占的比重相对较小，并且归集起来比较麻烦。为避免过于麻烦的计算，故也可以暂时不予考虑。不考虑这些因素，只能得出一个大概的利润，故称之为毛利润。

问及产品毛利率，多数企业领导会遮遮掩掩，或以商业秘密搪塞过去。这些企业领导和公司，为什么不愿意公开自己的毛利率呢？企业领导掩饰毛利率的心理非常复杂：高了，怕引人嫉妒；低了，怕遭人嘲笑。有些商品毛利率很高，高到超出外行人的想象。

还有一个财务指标叫定倍率，和毛利率表达的意思非常近。什么是定倍率呢？就是商品价格除以成本。比如一件商品，成本是1块钱，消费者花了4块钱买到，定倍率就是4。毛利率是用百分比表示盈利能力，定倍率则是用倍数表示产品的盈利能力。

二、毛利率高低和什么有关

毛利是生产成本与产品价格的中间部分。在价格一定的情况下，成本占比越小，毛利率越高。反之，成本占比越大，毛利率越低。在成本一定的情况下，价格越高，毛利率越高。反之，价格越低，毛利率越低。

再深究一步，成本由什么决定呢？很大程度上，它由行业性质决定。价格由什么决定呢？很大程度上，它由产品竞争力决定。因此，影响毛利率高低的因素虽多，但归结起来无外乎行业性质和产品竞争力两类。

第一，行业性质影响毛利率高低。

行业性质对毛利率影响确实非常大，有时候是不以企业意志为转移的。日本实业家稻盛和夫说得好："如果是卖不掉就得扔掉的商品，那么就要确保一定程度的较高毛利。如果是商品寿命长的畅销商品，可以采取薄利多销的方式。"

第二，产品竞争力影响毛利率高低。

什么叫有竞争力？消费者在购物时，若点名要我们的产品，因而我们可以从同类商品中脱颖而出，这就叫有竞争力。

产品有竞争力，价格就高，利润就厚，毛利率就高。产品竞争力强的企业，定价权掌握在自己手中，因而毛利率往往偏高。

产品竞争力和什么有关呢？

首先，它和企业技术水平和经营模式有关。不同厂商经营模式不一样,技术含量高低不同,毛利空间大小不一,毛利率高低也就不同。

以手机行业为例,**苹果手机业务毛利率约为36%,华为手机业务毛利率约为20%,中兴通讯手机业务毛利率则为14.3%。**苹果手机占全球市场份额大约20%,利润占全球手机行业的90%,正好符合20/80定律。

再比如,个人计算机。戴尔公司走直销、定制路线,毛利率高达17%~18%。其他公司多数是走分销路线,要拿出一定利润与经销商分成,所以毛利率总体偏低。比如,联想在收购IBM PC业务之前的毛利率约为14%~15%,而国内其他PC企业的毛利率则仅为7%~8%,甚至还不到这个数字。

其次,它和品牌影响力也有关。同样的原料,同样的技术,价格差别却很大,毛利率高低也不同,这就是品牌差别。

一条爱马仕鳄鱼皮带,售价3万多块钱。一条鳄鱼值多少钱?大约几千块钱,最贵也不超过3万块钱。来自鳄鱼身上的一块皮,卖出了比整条鳄鱼还多几倍的价钱。什么原因造成的?品牌附加值。一瓶糖水值多少钱?一瓶可口可乐值多少钱?这中间的差价也是品牌附加值。

体温是衡量人体健康与否的一个重要指标，但导致人体体温升高的原因非常多。感冒会导致发热，积食会导致发热，剧烈运动也会导致发热。毛利率也是这样。它是衡量企业竞争力的重要指标，但影响毛利率高低因素也非常复杂。

知名品牌的产品，毛利率会偏高，因为产品有竞争力。不知名品牌的产品，毛利率也可能很高，因为留出足够的利润空间，吸引经销商加盟，并提高他们推广自家产品的积极性。

三、离开毛利率就没法活吗

一般说来，好公司都有好产品，好产品出自好公司。好产品在财务上有一个特点，就是毛利率高。

是不是毛利率高的产品，就一定是好产品呢？也不一定。它还要稳定，不能忽高忽低。还要持久，不能难以为继。巴菲特有一个观点，一家上市公司的毛利率不低于40%，才称得上是好公司。

利润是企业的劳动成果,是企业赖以生存的基础。是不是毛利率低的公司就不是好公司?毛利率低的公司就没法生存呢?也不一定。雷军甚至有一句话:"高毛利率其实是一条不归路。"

亚马逊公司从1995年营业以来,就一直亏损,连续亏了20年,直到2016年才开始盈利。这丝毫没有影响它的成长。今天,它已经成长为市值4600亿美金,在美国排名第三的大公司。京东商城也非常类似,自2004年创办,也是直到2016年才开始盈利。连续12年亏损,其中2015年亏损94亿人民币。

有的公司甚至主动控制业务的毛利率。好市多（Costco),是美国零售业的典范。从创办以来,它的商品毛利率从未超过14%。好市多是如何做到这一点?它采取的是强制性低毛利率政策,任何一种商品的毛利率高于14%,都要经过CEO特批。

那公司怎么赚钱呢?靠低毛利率商品吸引顾客,招募会员,收取会员费。据该公司2015年财报,商品销售亏损了1.6亿美元,但是会员费收入却接近25亿。有了这些会员费,可以投资做别的事情。好市多70%的利润来自金融。

总之,毛利率只是一个指标,不能说明所有的问题。影响毛利率的因素有很多,任何单一归因也都是不恰当的。数字、指标都是一种现象,管理者要具备"透过现象看本质"的能力。

附记:见相非相,即得真相,见数非数,即得实数

一样事物的形成,一件事情的发展,都有其现象,有其本质,都有其象,有其数。

就企业来说,数字是表象,产品是本质,财务是表象,业务是本质。当有一天,你看到毛利率不再是一个指标,不再是一个数字,你就看到问题的本质了。

第 4 篇

人人要懂市盈率

在中国，炒股的经常说市盈率，企业家和投资人也经常说市盈率，经济学家有时也说市盈率。股民拿它炒股，企业家拿它融资，投资家拿它估值，经济学家拿它说经济形势。人人都在说，未必人人都明白。

一、市盈率的产生

任何一个名词，都是在特定背景下提出来的，也都有其特定的目的。搞清一个名词提出的背景和初衷，有助于加深我们对它的理解。因此,有必要把市盈率的来龙去脉介绍一下。

"市盈率"是谁先提出来的?"华尔街教父"本杰明·格雷厄姆。他还有一个大名鼎鼎的学生,那就是"股神"沃伦·巴菲特。1934年,本杰明·格雷厄姆出版《证券分析》一书。这是一本关于证券分析的经典名著。在这本书中,他首次提出"市盈率"这一说法。

在当时,华尔街很多人认为,股票的价值和股票的收益存在一定的数量关系。通常情况下,一只股票的价值是其当期收益的多少倍。于是,人们把这个简单的数量关系叫市盈率。所谓"市",就是市价,普通股每股的市场价格。所谓"盈",就是盈余、利润,普通股每股分享的利润。

市盈率如何计算呢?公式如下:

市盈率=股票市值÷股票收益=普通股每股价格÷普通股每股利润。而普通股每股利润=税后利润总数÷普通股份总数。

市盈率是一个分数值，分子和分母分别由股票价格和每股利润构成。道理是这个道理，但计算起来还是有困难的。股价每天都变，利润也不是每天都算，分子和分母到底应该如何选择、配比？一般说来，计算市盈率时，分子通常取当前股价，分母则有不同的选择。

有的人，比如格雷厄姆，倾向于根据上一年的每股利润，或者过去几年的平均利润做分母。这个方法，其实是根据一只股票的过去判断它的现在。这和孔子的方法非常相似。孔子说，"观其所由"。考察一个人的过去，是考察一个人的重要方面。这就是现在大家所说的历史市盈率或静态市盈率。

但更多的人，比如华尔街的金融家们，倾向于把预估的未来几年的平均利润做分母。为什么这么做？他们认为，过去不说明现在，更不说明未来，预测未来更有意义。预测未来，可以帮助推断现在。这就形成了现在大家所说的预期市盈率或动态市盈率。

一只股票到底值多少钱呢？这个真不好界定。这么重要的事情，很难也要研究。有什么办法呢？找一个基础、依据，找一个参照系，假定价格围绕它发生变化。

这个基础是什么呢？就是每股收益。看股票价格和它存在什么关系，并用简单的数量关系把它表示出来。于是就有了市盈率。市盈率就表示股票价格是当期利润的多少倍。这样做合不合理呢？先不考虑，重要的是找一个参照系。

二、市盈率意味着什么

市盈率又叫收益乘数或收益倍数（Earning Multiple）。它表示买卖双方以高于当期收益多少倍的价格交易一项特殊的资产。当然，这项特殊的资产就是股票。所以，**市盈率表示资本市场认可的资产价格的高低。**市盈率是衡量企业股票价格高低和盈利能力的重要指标。

市盈率高低，对于企业和投资者的意义是不一样的。

对于企业来说，市盈率表示自己销售的资产价格的高低。假设某只股票的市盈率是10，意味着企业可以按每股10倍于当前利润的价格出售股票。如果每股利润是1块钱，则1股股票可以卖到10块钱。**一般情况下，市盈率越高，说明企业股票行情越好。**

市盈率这个指标对企业有很多用处。它可以帮助企业估算股票发行价格。发行企业可以参照已上市公司的市盈率，再结合自身每股盈利水平，二者相乘即可得出股票的发行价格。还可以帮助企业估算自身价值。对于上市公司来说，当期利润乘以市盈率就是它的价值。对于非上市公司来说，找一个和它经营情况最相近的公司，用它的市盈率作参照。用自己公司当期利润乘以这个市盈率，大致就是它的价值。

对于投资者来说，市盈率表示自己购买的资产价格的高低。假设某只股票的市盈率是10，意味着投资者在按每股10倍于当前利润的价格购买股票。如果每股利润是1块钱，则每买1股这只股票要花10块钱。总之，市盈率意味着投资者以几倍于当期盈利的价格购买了一项资产。

由于市盈率是一个分数值，它的大小既受分子的影响，也受分母的影响。在当期利润确定的情况下，投资者都看好某只股票，会抬高这只股票的价格，从而推高它的市盈率。某只股票的市盈率越高，往往意味着这只股票越抢手、越热门。**在这个意义上说，市盈率意味着某只股票的热门程度。**

股票价格是投资者实际付出的东西，可以理解为投资者投入的本金。每股收益是投资者实际所得到的东西，可以理解为投资者获得的收益。所以，市盈率又被叫作本益比。本益比或市盈率的倒数，就是投资报酬率。

假如某只股票的市盈率是10，就可以理解为：投资者购买了一项资产，这项资产每期可以给他带来1块钱的收益。因此，他的投资收益率是10%。或者说，他收回全部投资需要10年。**在这个意义上说，市盈率意味着投资回收期的长短。**

在当前市价确定的情况下，市盈率越高，意味着投资回收期越长。投资回收期越长，则意味着投资风险越大。市盈率越低，投资回收期越短。投资回收期越短，则意味着投资风险越小。**在这个意义上说，市盈率意味着投资风险的大小。**

关于市盈率，还有一点必须注意：好公司市盈率很高，坏公司市盈率往往也很高。为什么会这样呢？好公司每股利润高，但它的股价更高，所以它的市盈率高。坏公司股票价格低，但它每股利润更低，所以它的市盈率也高。尽管市盈率都很高，但说明的道理是不一样的。

三、市盈率由什么决定

市盈率高低是由什么决定的呢？

从算术的角度来说，市盈率是一个分数值，它的大小既受分子的影响，也受分母的影响。在分子一定的情况下，分母越小，分数越大。在分母一定的情况下，分子越大，分数也越大。分数的大小由分子和分母共同决定。因此，市盈率的高低由股票每股市场价格和每股收益共同决定。

首先，股价影响市盈率的高低。影响股价变动的因素有很多，但归根结底股价由供求关系决定。其次，每股收益影响市盈率的高低。每股收益由公司盈利水平决定，而公司盈利水平是其经营管理水平的综合反映。简言之，市盈率高低由证券市场的供求关系以及公司本身的获利能力决定。

其实，这个道理，格雷厄姆早就看得非常清楚。他说，**市盈率部分决定于"当时的人气"，部分决定于"企业的性质和记录"**。这话什么意思呢？**市盈率是由投资者看法和企业资产质量共同决定的**。进一步说，**股票的供求状况和企业的获利能力决定市盈率的高低**。

除了企业市盈率，人们还说行业市盈率、股市市盈率，甚至国家整体市盈率。市盈率反映股市行情，而理论上股市是经济的晴雨表，所以有时也用市盈率说明国家的经济形势。

有人做过统计，发达国家的市盈率一般不超过20倍。比如，从1891年到1991年的一百年间，美国市盈率一般在10～20倍之间。中国香港、韩国、东南亚等国家和地区的市盈率一般也在10～20倍之间。日本市盈率偏高，但该国经济出了问题。有人得出结论，市盈率在5～20倍以内都是正常的。

对照下来，我国的市盈率有些偏高，原因有很多。但市盈率就是一个财务指标，不可避免，有其片面性和局限性。用它分析形势、做出决策，还要结合其他指标进行。

附记：不糊弄别人，也不糊弄自己

以笔者个人浅见，市盈率是最难搞懂的财务指标，没有之一。这么说，不是没有道理。第一，它的计算方法不统一。第二，它所表示的含义，一句话说不清楚。第三，市盈率高低也不能一句话概括。

第 5 篇
实业如何与资本打交道

人为什么要找个对象呢？明白这个道理，或许就知道实业应该如何与资本相处了。

一、资本是天使还是魔鬼

20世纪末，"风投"在中国还是个新鲜词。到如今，VC、PE已经变成寻常百姓话语。资本圈有很多爱恨情仇的故事，美国历史上有的，也开始在中国一一上演。有人把资本称为天使、保护神，也有人称之为"门口的野蛮人"。一样的事情，各方的感受却非常不一样。

华为公司是时下中国风头最劲的科技公司。多年以前，任正非曾说："**我的公司永远不会和股票打交道，永远也不会和证券打交道。**"最近几年，任正非也一再申明："在今后的 5~8 年内，甚至更长时间，华为不会考虑上市，也不会进行任何的资本运营，包括收购与兼并等。"

很多人的看法是，如果华为的西方同行中，有一家不是上市公司，就不会有华为的今天。何以资本反而成了绊脚石？所有上市公司都有短期盈利的压力，上市容易被资本牵着鼻子走。

京东商城则是资本故事的另一个版本。

2010 年，刘强东找到高瓴资本的张磊说，我只要 7500 万美元。这时，张磊说了一句至今在业内广为流传的话："这个生意要不让我投 3 亿美元，要不我一分钱都不投。因为这个生意本身就是需要烧钱的生意，不烧足够的钱在物流和供应链系统上，是看不出来核心竞争力的。"

当年，淘宝系轻资产模式被人看好，但张磊建议京东搞重资产模式。所谓轻资产模式，就是自己只开店不卖货，让别人到自己店里来卖货。重资产模式则是反其道而行之，自己把货买进来，再卖出去。这一幕，让人看上去，似乎是高瓴成就了京东。

红杉资本则堪称是一个传奇。

自 1972 年创始以来，他先后投资了 500 多家公司，其中 200 多家成功上市。其中国公司表现也不俗，最近四五年就把 20 多家公司送上资本市场。红杉投资的公司总市值超过纳斯达克市场总价值的 10%。

红杉资本给人的印象是，他拥有点石成金的"金手指"。他把别人点成了金子，也能把自己点成金子。

人们往往通过极端的情况认识事物，并喜欢给它贴上一个标签。贴上标签认识事物，容易走入误区。对于资本的认识，也不例外。有人说，资本是天使，也有人说，资本是魔鬼。于是，新的问题就来了：资本到底是天使，还是魔鬼？其实，很多问题，等找到答案以后，就会发现：我们的问法本身往往就是错误的。

二、资本的本质是什么

资本有很多种表现形式，比如投资基金。

什么叫投资基金？一小帮自认为会赚钱的人，拉一大帮有钱人出钱，然后找项目、投资、赚钱、分钱，就叫投资基金。在更短时间内，赚更多的钱，是所有资本的共同追求。资本的所有活动也都是围绕金钱展开的，金钱以外的因素考虑得比较少。换句话说，资本就是凑钱、赚钱、分钱的游戏。

这样的目的和游戏规则，决定了资本的性质和特点：

第一，基本躲在幕后。

企业家在资金不足时，寻求资本支持。投资人通过提供资本参与分配，同时获得一定的经营话语权。企业家是干活的，投资人是出钱的。一个在台前，一个在幕后，两者社会分工天然不同。

有一部分人，自己不做事，专门怂恿别人去做事，这就是资本。网上流传这么一个段子：一只狐狸在悬崖边上的墓碑上写着："你不跳下去，怎么知道自己是不是一只翱翔于天空的雄鹰。"所以每天都有鸡跳下去摔死，而狐狸每天都能吃到鸡。资本就是那只狐狸。

资本的性质决定了，指望它替你效劳，是不现实的。

生产的问题，销售的问题，技术的问题，都别指望它替你解决。投资人会对企业经营指手画脚，但具体事情还是要靠企业自己来做。

第二，从来多头下注。

机会导向、多头下注，是资本的特性。它要不断地选择项目，也要不断地退出。只有退出，才能套现，实现自身的价值。对于企业家来说，实业就是他事业的全部。对于投资家来说，再好的项目也只是他事业的一部分。对于实业来说，指望资本一心一意待他，这是不现实的。

第三，不会从一而终。

孙强是著名投资家。他曾在美国华平投资集团工作20年。后来，他创办黑土地集团，转身做实业。有记者问他，做投资人和做企业家最大的不同是什么？

他说，最大的区别，就是投资人有选择，企业家没有选择。投资人看这个企业不好了，可以选择退出，还有其他项目来赚钱，但企业家没选择。企业是他的唯一资产，放弃它，就等于放弃一切了。投资者可以选择是追加投资还是不投，企业家没有选择。

逐利是资本的本性，不断地退出、套现是它最基本的活法，周期性运作是它最基本的特点。虽然收益分配模式不同，但都受时间因素的制约。资本都是一把一利索。实业都是打算玩一辈子甚至几辈子的，所谓"基业长青、百年老店"。

没有任何一家公司，在创办的时候，就设定好关门的日期。"公司无限大"和"公司万年长"，是所有公司的梦想。资本是玩一阵子的，实业是玩一辈子的。对于实业来说，指望资本长相厮守，也是不现实的。

三、实业如何与资本共舞

《孙子兵法》上讲，知己知彼，百战不殆。还讲，致人而不致于人。"致人"，就是调动敌人，"致于人"，就是被敌人所调动。致人而不致于人，就是要掌握战场主动权的意思。

既能知己、知彼，又能掌握主动权，就能立于不败之地。知己、知彼、掌握主动权，不仅是战场上的行为准则，而且是所有博弈行为的通则。

第一，要了解自身的需求。

企业往往基于资金的需求，与资本打交道。钱固然重要，但钱背后的东西更重要。钱背后的东西是什么？钱背后的东西，就是对方所能提供的增值服务。对方所提供的增值服务恰好是企业的短板，这样的资本才是最好的资本。

第二，要了解资本的本性。

所谓本性，就是你改变不了的东西。它是一个中性的概念，本无所谓好与不好。很多事情之所以结局不好，不是因为别人不好，而是因为我们不对。

有这样一个寓意深刻的小故事：

一天，蝎子找青蛙帮忙过河。青蛙担心蝎子蜇到自己。蝎子说，我要是蜇你，我也会被淹死。青蛙一想，也对，于是就放心了。但在过河的途中，蝎子还是蜇了青蛙。最后，蝎子、青蛙同归于尽。临死前，青蛙抱怨：

"你为什么要蜇我呀?"蝎子解释道:"没办法啊!我实在管不住自己,所以才蜇了你一下。"

蜇人是蝎子的本性,这跟道理和逻辑没有关系。

资本有它自身的优点、缺点。资本的优点就是,拥有开阔的视野、精湛的财技,但是它也很功利、势利,并且往往没有耐心。依据自己的主观想象,或资本的外在包装,与它打交道,都不会有好的结果。

第三,要牢牢把握主动权。

任何博弈的活动,拥有主动权都非常重要。如果老是处于被动局面,结局往往不妙。

什么叫主动?备而不用叫主动,用而不备叫被动;别人求我们叫主动,我们求别人叫被动;我们说了算叫主动,别人说了算叫被动。

如何才能争取主动?关键是把握好时机和节奏。要在有钱的时候去找钱,没有钱的时候找钱就会很被动。筹融资往往伴随经营活动的始终,不可能一劳永逸、一步到位,因而也别奢望一蹴而就。节奏把握不好,走得太快或太慢,都容易陷入被动。

另外,筹融资是用别人的钱圆自己的梦,是为了发展自己，而不是把自己的命运交到别人手上，所以绝不能丧失公司的控制权。丧失了控制权，被资本牵着鼻子走，肯定不会有好下场。

自然界最大的特点就是多姿多彩、生生不息。单就繁殖模式而言，有的是有性繁殖，有的是无性繁殖，有的是雌雄同体，有的是雌雄异体，有的单性繁殖，有的两性繁殖。但进化的结果是，雌雄异体、两性繁殖成了主流。

为什么会是这样呢？按照进化论的观点，这样可以接受多样性，增强适应性，是自然选择的结果。

商业社会也是这样。资本作为一种商业业态，不是从来就有的。资本的出现，是商业社会进化的结果。资本其实是一种不同于实业的商业物种。他们各自有各自的优势和劣势。如果彼此进行深度结合，就可以获得多样性，增强适应性。反之，适应性低，就有可能被淘汰。

投资大师沃伦·巴菲特有句名言：**"我把自己当成是企业的经营者，所以我能成为优秀的投资者；因为我把自己当成投资者，所以我能成为优秀的企业经营者。"** 对于企业家来说，汲取资本长处，学会与资本共舞，才能获得更好的发展。

附记：当下中国最缺的是什么？

20世纪末，"风投"在中国还是个新鲜词。到如今，VC、PE已经变成寻常百姓话语。以前稀缺的是资本，谁能拉到风投，谁牛气。现在稀缺的是项目，谁能投到好项目，谁牛气。

真的缺资本或缺项目吗？笔者看也未必。表面上是缺资本或缺项目，其实是缺企业家精神和投资家精神，或者说是缺干事创业、求真务实的精神。

第 6 篇

万般生意三条路

将本求利，是做生意的常识。每个人都想投更少的钱，挣更多的钱。用专业词语表达，就是净资产收益率要高。但这只是一个"果"！只有循果溯因，才能种因得果，心想事成。做到这些，才称得上"明因果"！

一、企业领导应该求何果，种何因

世间所有的学问，都在告诉人们两个东西：一是叫因果关系，另一个叫关联要素。**因果关系说的是因，关联要素说的是缘，因缘和合乃为果。**事情之所以有结果，是因为原因、条件都具备。

小学《语文》课本收录一则寓言故事，名字叫《我要的是葫芦》。故事很简短，寓意很深刻，大意是这样的：

有人种了几棵葫芦。小葫芦开了花，挂了果，长势很好。但不幸的是，有一天发现叶子生了蚜虫。邻居劝他，叶子生了蚜虫，还不赶快治一治？那个人却说："什么？叶子生虫还要治？我要的是葫芦，又不是叶子！"没过几天，蚜虫越来越多，叶子枯萎，小葫芦也都谢了。

我们要的是葫芦，不能仅盯着葫芦。种瓜得瓜，种豆得豆。要葫芦，得种葫芦种子。这叫因果关系。但也要看管好叶子，不能让它给虫子吃了，还要顺着葫芦找到藤，顺着藤找到根，在根上浇水施肥。根、藤、叶子，都叫关联要素。这些东西都照顾到，才能收获预期的成果。

人，不能按照主观意愿办事。人，只能按照客观规律办事。**所谓客观规律，就是因果关系。循果溯因，是认识论，是认识世界的方法。种因得果，是方法论，是改造世界的方法。这一切，就是所谓"明因果"。**不明因果，就会很盲目。盲目就是瞎干，瞎干只会失败！

作为企业家,作为投资者,应该求何果,种何因呢?

毫无疑问,经营者要追求效益,投资者要追求回报。但这只是一个定性的目的,而不是一个定量的指标,无法衡量,无法操作。

说到财务指标,人们首先想到的,往往就是利润。利润真的就是投资者或企业家所应追求的结果吗?

利润是一个绝对数的概念。一个项目的利润是 100 万元,另一个项目的利润是 200 万元。两者的效益没有可比性,因为投资额不一定相等。

很显然,企业领导所追求的目标,不是要赚钱,而是如何投更少的钱,赚更多的钱。企业领导的这一愿望,用财务术语表达就是,净资产收益率要高。这才是企业领导所要追求的"果"!

搞懂了"果",还要知道"因"。它背后的因果关系和关联要素是什么呢?搞懂了这些东西,才称得上是"明因果"!明因果后,搞经营、做投资,才不至于盲目。

其实,关于净资产收益率背后的驱动因素和关联要素,财务上有一个专门的分析工具,就叫杜邦方程式。

专业书籍说得比较晦涩、烦琐。笔者把杜邦方程式的内容和作用概括为：一个核心，三个基本点，两大作用。

所谓一个核心，就是净资产收益率（ROE，Return on Equity Capital）。杜邦方程式是围绕净资产收益率展开的。

所谓三个基本点，就是销售净利率、总资产周转率和权益乘数。在这三个基本点上着力，可以提高企业净资产收益率。打个比方，假如净资产收益率是我们所要的小葫芦的话，销售净利率、总资产周转率和权益乘数就是小葫芦前面的三根藤或三个根。

杜邦方程式有什么用呢？它有两大作用：一是分析作用，可以帮助我们分析净资产收益率上升或下降的原因；二是指导作用，为我们提高净资产收益率指明了努力的方向。

二、哪些因素决定盈利水平高低

企业盈利水平高低，到底由哪些因素决定呢？顺着杜邦方程式揭示的方向，我们继续往下分析。

杜邦方程式告诉我们，净资产收益率高低，取决于销售净利率、资产周转率和权益乘数等三个手段的组合运用。而这三个东西又由什么决定呢？我们可以循果溯因，进一步寻找更具体的盈利驱动因素。

1. 销售净利率：收入创造利润的能力

销售净利率是净利润与销售收入的比率。不同企业每卖100块钱的东西，所赚取的净利润不一样，这就是销售净利率的差别。它表示收入创造利润的能力。

销售净利率由什么驱动呢？

我们知道，产品的成本和价格，决定毛利空间的大小。产品的竞争力，决定毛利率的高低。但同等毛利率水平下，为什么净利率还是会有差别呢？主要是由管理费用和销售费用的费效比不同造成的。进一步追问，这两者的费效比是由什么决定的呢？是由管理水平和经营水平决定的，具体说则是由管理人员、业务人员的素质、能力，以及客户的质量造成的。一句话，产品、员工、客户三大要素决定销售净利率的高低。

事实是不是这样呢？

毫无疑问，不同的产品，对企业利润率的贡献不一样。竞争力强的产品，贡献就大一些。反之，贡献就小一些。不同的员工，对企业利润率的贡献也不一样。素质高、能力强的员工，贡献就大一些。反之，贡献就小一些。不同的客户，对企业利润率的贡献肯定也不一样。一些所谓的 VIP 客户，贡献肯定要大一些。这也符合所谓 20/80 法则。

这里有一个极端的例子，正好也可以说明这一点。

一个百货公司的经理去检查他的一个新售货员："你今天服务了多少客户？""一个。"小伙子回答。"只有一个？"经理说，"你的营业额是多少呢？"售货员回答："30 万美元！"

经理大吃一惊："你怎么卖到这么多钱？"

"首先我卖给他一个鱼钩，然后卖给他鱼竿和鱼线。接着我问他在哪儿钓鱼，他说在海边，于是我建议他应该有一只小艇，于是他卖了一条 20 英尺长的快艇。当他说他的轿车可能无法带走快艇时，我又带他到机动车部卖给他一辆福特小卡车。"

经理惊讶地说："你卖了这么多东西给一位只想买一

个鱼钩的顾客？"

售货员回答："不，他来只是为治他妻子的头痛而买一瓶阿司匹林的。我告诉他，夫人的头痛，除了服药外，似乎更应该注意放松。周末快到了，你可以考虑去钓鱼。"

是啊！这样的客户才是黄金客户，这样的售货员才是金牌售货员！他一个人创造的价值，得顶多少人创造的价值啊！

搞清楚了销售净利率的驱动因素，我们应该采取什么样的经营对策呢？

主要就是"三切""三集中"。**所谓"三切"就是，把不赚钱的产品要切掉，把不创造价值的员工要切掉，把没有效益的订单切掉。所谓"三集中"就是，把资源向赚钱的产品集中，把资源向创造价值的员工集中，把资源向带来效益的客户集中。**这样的经营对策，貌似很简单，其实很有效。

2. 资产周转率：资产创造收入的能力

资产周转率是销售收入和资产总额的比率。资产周转率表示资产创造收入的能力。

一个人，手头有五百万元，他可以做五百万元的生意。另一个人，手头只有一百万元，但他非常会经营，也可以做五百万元的生意。假如是同行，且经营的是同类商品，那么他们赚的钱就一样多。这中间的差别，就是资产周转效率的差别。

盈利水平高低，不仅取决于销售净利率，还取决于资产周转率。利厚固然可以多赚钱，薄利多销也可以达到同样的目的。美国连锁超市沃尔玛创造人山姆·沃尔顿的"女裤理论"说得好："女裤的进价0.8美元，售价1.2美元。如果降价到1美元，我会少赚一半的钱，但却能卖出3倍的货。"沃尔玛始终走薄利多销的路线。

宏碁电脑创始人施振荣先生，是中国台湾著名的企业家。他很早就悟到做生意的诀窍。他这样讲述他早年的故事：

"妈妈的杂货店既卖咸鸭蛋，也卖小学生写作业用的练习本。咸鸭蛋3元1斤，每斤只能赚3角，差不多是10%的利润。而10元钱的练习本，至少可以赚4元，利润超过40%。所以，卖咸鸭蛋，貌似不如卖练习本赚钱。

但事实上呢？咸鸭蛋利润虽薄，但最多两天就周转一次。练习本利润虽高，但只有每学期开学前才能卖掉一些，有时甚至半年、一年都卖不掉。它不但占压资金，而且要支付利息。所以，卖练习本很难赚到钱，即使赚一点钱，也早被利息吃光了。"

施振荣将杂货铺中学来的生意经，运用到宏碁电脑上，建立薄利多销的运营策略，在经营上获得了极大的成功。退休以后，他也到处向人宣传他的"咸鸭蛋经营哲学"。

无论"女裤理论"也好，"咸鸭蛋哲学"也好，都在说明一个道理：要提高盈利水平，就要加快资产周转率。

如何加快资产周转速度呢？

资产周转率是一个分数。要使这个分数变大，有两条路：一是使分子变大，在不增加资产的情况下，改进经营，扩大销售收入；二是使分母变小，在改变经营策略的前提下，努力削减资产数量。

如何削减资产数量呢？经常采用的做法有三条：一是削减和控制应收账款，二是削减和控制存货，三是削减和控制固定资产。具体如何削减资产数量，而又不影响生产力，不在这里展开。

3. 权益乘数：投资撬动资源的能力

权益乘数又叫权益比率，是总资产和净资产的比率。因为它反映的是总资产和净资产的倍数关系，所以叫权益乘数。

净资产是所有者投入到企业里的资源，总资产则是企业占用的社会资源总量，因而权益乘数还表示企业撬动的社会资源的倍数，所以又叫财务杠杆。

财务杠杆是一柄"双刃剑"。当销售利润率为正的时候，放大财务杠杆，可以提高企业净资产收益率。反之，一旦形势发生逆转，也有可能导致同等程度的亏损。所以，权益乘数也是表示企业风险大小的指标。与前两个指标不同，权益乘数不是越高越好。

一般说来，财务杠杆的使用，要受企业的行业属性以及它的资产特性的影响。什么行业、什么企业，可以放心使用财务杠杆呢？经营性现金流量比较稳定，且易于预测的企业，较之市场高度不确定的企业，能放心地运用更高的财务杠杆。另外，像商业银行这样的行业，资产组合多元化，且由易于出售的流动性强的资产构成，也能比其他行业更放心地使用更高的财务杠杆。

在不考虑风险的情况下,如何提高企业权益乘数呢?简单说,就是多负债。当然,负债借款不一定非得找银行。具体有以下三个方向,可供企业考虑。第一,能不能向供应商借力。第二,能不能向经销商借力。第三,能不能向客户借力。来自银行的借款,称为银行信用。来自商业伙伴的借款,称为商业信用。商业信用最大的特点就是,不用支付利息。

市场上,一些比较强势的公司,通常会向客户预收货款、订金,或向经销商收取保证金。这些资金积少成多,也能满足企业运营需要。以娃哈哈为例,他的一级经销商要预付次年销售任务的10%作为保证金。这些资金,不但可以使用,而且不用支付利息。

确定和保持适当的杠杆,并不是一件简单的事情。它要求管理者通晓公司的业务特点、竞争战略,以及不同杠杆之间的相互依存关系。财务杠杆运用到极致的企业,可以做到完全用别人的资金开展经营。当然,这需要具备很多前提条件,不是每家企业都能做到的。

到底哪些因素决定企业盈利水平的高低呢?上述三

大方向、九个支点决定企业盈利水平的高低。

这就是杜邦方程式的基本内容。当然，这里面也加入了笔者自己的分析、理解和演绎。

三、杜邦方程式揭示的商业秘密

孟子说，"颂其诗，读其书"，也要知其人。理论都是人发明的。要了解一个理论，就必须了解这个理论背后的人。

杜邦方程式是谁发明的呢？是一位叫唐纳森·布朗的人首先提出的。笔者查阅的各种资料中关于他的生平事迹大多语焉不详。这里，把他的有关情况汇总整理如下。

法兰克·唐纳森·布朗（Frank Donaldson Brown），生于1885年2月1日，逝于1965年10月2日。他13岁考入弗吉尼亚理工大学，17岁获得电力工程学士学位。研究生读的是康奈尔大学，毕业后获工程学硕士学位。布朗出生在一个贫苦农民家庭，世代以种植烟草为生。因为出众的才华和出色的工作表现，他娶到了杜邦公司创始人哥哥的孙女。

大学毕业后，他加入美国史普拉格电子公司，从事销售工作，直到成为这家公司巴尔的摩地区的销售总监。1909年，他投身杜邦公司，成为一名炸药销售员。在杜邦公司工作三年后，被杜邦当时的财务主管拉斯科博（John J. Raskob）看中，转行做了财务工作。后来，接替拉斯科博成了公司的财务主管。1921年1月1日，在拉斯科博的邀请下，布朗加盟通用汽车并担任财务副总裁。

1912年，在一篇关于运营效率的分析报告中，布朗提出了杜邦方程式的主体思路。在这份报告中，他提出要分析一项名为"用自己的钱所赢得的利润"的比率。这个比率，我们今天称为净资产收益率。最关键的是，他将这个比率进行了拆解。他认为，拆解后这个比率可以解释三个问题：企业的这个生意是否赚钱；企业的运营效率如何；企业的债务风险是否可承受。

1920年后，这个方法被杜邦公司正式使用。随着布朗加盟通用汽车，这一方法也被带到通用汽车公司，并发挥了极为重要的作用。自此以后，近一个世纪以来，杜邦方程式一直是跨国公司最流行的管理工具之一。

透过布朗的生平,我们不但可以更深入地了解到他这个人,而且可以更深刻地理解他的理论。他的一生非常富有传奇色彩。出生农家,却娶了工业世家的千金。大学学的是工科,从事的是销售工作,最重要的建树却在财务领域。

最流行的财务分析工具,却是一个销售人员发明的。这一点恐怕要超出很多人的想象。不过,这也并非不可思议。经营的结果是财务,财务的背后是经营,业务与财务是一枚硬币的两个侧面。业务人员发明一个财务分析工具,这有什么难以理解的呢?

杜邦方程式告诉我们什么道理呢?

首先,它可以解答我们的困惑。同样是投资,为什么我们的收益率不如别人高呢?因为同样的投资(净资产),撬动的社会资源(总资产)不一样;同样的社会资源(总资产),创造的收入不一样;同样的收入,创造的利润又不一样。

其次,它可以为我们指明努力的方向。如何提高自己的净资产收益率呢?要提高投资收益率,有三种基本

手段可以选择：第一，是多赚，提高销售利润率。第二是快跑，提高资产周转率。第三，是善借，提高权益乘数，借用社会资源。当然，这三者也可以组合使用。

问题是，它们之间有没有矛盾和冲突？这三种手段能同时发挥到极致吗？是否存在高利润率、高周转率同时高财务杠杆的企业？

先说前两者。销售利润率与资产周转率，往往呈反向变动。销售利润率较高，则资产周转率往往较低。反过来也是如此。这并非偶然。为什么呢？

为什么销售利润率高，则资产周转率就会低呢？高利润率的公司，往往是附加值高的公司。增加产品附加价值，通常需要占用大量的资产。在销量不变的情况下，资产总额大幅增加，资产周转率自然就会降低。反之亦然。

这一特点带有行业的普遍性。利润率低的行业，往往要求高的周转率。比如商贸流通企业，利很薄，"九牛一毛"，卖九头牛挣一毛钱，必须加快周转。同样道理，周转率低的行业，则要求高的利润率。比如古董店，"三年不开张，开张吃三年"。为什么这样呢？因为不如此，资产收益率就会很低，它就没法存活。

从某种意义上说，提高利润率和提高周转率，分别对应竞争战略之父迈克尔·波特所说的差异化战略和成本领先战略。因为两种不同的经营策略，很难同时兼容，所以两大比率呈反向变动。

有没有这样的企业，销售利润率与资产周转率同时都很高呢？有！但并不多见。比如苹果公司。但这也只是企业个例，并不代表行业惯例。**能同时做到高利润率、高周转率，当然很理想，但也未见得就是好事。**

说完前两个指标，再来说说财务杠杆。财务杠杆有两方面的含义：一方面，它表示企业利用社会资源的能力；另一方面，它也表示企业风险的大小。

财务杠杆是一柄"双刃剑"，也是一个"放大器"。它本身具有两面性。若和前两种手段叠加组合，会产生放大了的正面效果或负面效果。所以，财务杠杆过低固然不好，过高肯定也不适宜。

有些东西是人事，有些东西是天命。有些东西是可以改变的，有些东西是不可以改变的。投资、做企业的，都希望有高的净资产收益率。但它怎么可能没有限度呢？

试问利润厚、周转快,同时风险又低的行业和企业,有吗?《道德经》里有句话说得好:"天道无亲,常与善人。"老天不会偏袒哪一行,也不会偏袒哪一业。天底下的好事,怎么可能让你一人都摊上呢?!

因此,前面问题的答案是,每家企业都必须有一个主导性的经营思路,同时兼顾效益、速度与风险三者的平衡。

海明威说得好:"我们不可能把每条路都走一遍。必须执着于一条道路,才能获得成功。"**要想多挣钱,多赚、快跑、善借,你至少得占一头!不然,凭啥?**万般生意三条路,走与不走不由你!看着选一条吧!

附记:不能掠人之美!

有一个问题,笔者一直搞不明白:杜邦方程式明明是唐纳森·布朗提出来的,为什么偏偏叫杜邦方程式呢?

搞不明白的事情只能猜。

一个原因,它可能不是一个人的贡献。这个方程式,尽管是唐纳森·布朗首先提出来的,但杜邦公司对它做了扩展运用,并把它发扬光大。所以叫杜邦方程式。

另一个原因,可能和人性有关。不想让一个年轻的外姓穷小子专享其美!布朗本是穷苦农家出身,尽管后来跻身杜邦家族,但他在当时是受歧视的。这么说,不是没有根据。看德鲁克的《旁观者》,笔者了解到,不是杜邦家族的人,不娶杜邦家族的女人,是不能担任杜邦公司高管的!

无论怎么说,杜邦方程式的基础框架是由唐纳森·布朗首先提出来的。我们不能掠人之美,要牢记唐纳森·布朗的不朽贡献!

第 7 篇

企业到底增长多快合适

做企业如同跑一场马拉松,你不能以跑百米的速度去参赛。否则,将会因为不堪负荷而提前出局。做企业又如同一场百米赛,你也不能以跑马拉松的速度来赛跑。否则,将永远与冠军无缘。

一、光长个头和块头不能叫成长

近几十年来,中国经济高速发展,中国企业普遍成长迅速。这当中,既有超常规发展,一飞冲天的,也有跳跃式发展,一败涂地的。既有成功的经验,也有血淋淋的教训，都给人留下了非常深刻的印象。

作为企业领导，无不希望自己的企业发展更快一些。是不是越快越好呢？肯定也不是。既然这样，企业到底发展多快合适？何时发展要快一些？何时发展要慢一些？换言之，决定发展速度的关键因素有哪些？这是任何一家的企业，特别是高速成长的企业，必然要面对的重要问题。

企业发展跟赛跑有点相似。**做企业的，都追求长期经营，甚至基业长青。从这个意义上讲，做企业如同一场马拉松，你不能以跑百米的速度去参赛。否则，将会因为不堪负荷而提前出局。**美国财务学者希金斯说，"因为增长过快而破产的公司数量，与因为增长太慢而破产的公司数量，几乎一样多。"

同时，企业之间也存在竞争，为了获得先机，你不能比对手发展更慢。从这个意义上讲，做企业又如同一场百米赛，你也不能以跑马拉松的速度来赛跑。否则，将永远与冠军无缘。因此，如同运动员和赛车手，确定合适的发展速度，对于企业非常重要。

成长、增长和发展，是近义词。研究发展问题，首先得澄清一下它们的意思。有学者对于这些词的意思进行了深入的研究，并做了区分。稍加留意便可发现，这些词在不同场合经常被交替使用。因此，它们差不多是同义词，区分其中的细微差别并无多少现实意义。

企业成长既包括数量的扩张，也包括质量的提高。比如，资产的增长，人员的增加，销售额的扩大等，都属于数量的扩张。再比如，竞争地位的加强，组织制度的革新，资源结构的改善，事业领域的多样化等，都属于质量的提高。

由于"量"比"质"更容易识别和衡量，很多时候人们用数量的增长来表示和衡量企业成长。经常用到的数量指标，有销售额、净利润、市场价值、投资回报率等。其中，最常用的数量指标是销售额。

欧美主要财经报刊，每年要对全球企业进行排名，发布所谓"世界500强"名单。其依据是什么呢？主要就是一些数量指标。比如，《财富》杂志以销售收入为依据排名，《商业周刊》和《金融时报》则是把市值作为主要依据。《福布斯》杂志考虑得要全面一些，把销售额、利润、总资产和市值都包括在内了。

这些媒体的做法很有代表性。人们最普遍的做法是，用销售额增长来表示企业成长。企业发展是不是就包括这些方面呢？这些方面是不是都能用数字表示出来呢？肯定不是的！企业的内在本质包括很多方面，有些本质属性是很难用数字表达出来的。

企业发展最大的问题正在这里：它的质与量很难同步。**量，指外在数量。质，指内在质地。企业发展过程中，外在数量的增加，并不意味着内在质地的提高**，就像小孩子，光长个头和块头不能叫成长。骨骼、脏器是不是同步发育？认知水平是不是同步提高？不然，就不能叫健康成长。

二、高速成长是一场巨大的挑战

一只小蚂蚁，能轻松背起比自己重几百倍的东西！一只跳蚤，能轻松跳到比自己高上百倍的高度！为何人类只能举起比自己重两三倍的杠铃？跳到比自己身高不到两倍的高度？蚂蚁能不能长到和人一般大？跳蚤能不能长到和人一般高？

肯定不能！有一个平方、立方法则，可以说明这个道理。据说，这个法则是由意大利人伽利略首先提出来的。它的大意是说，一个物体增大时，它的面积、体积呈现不同的数量变化关系。

假设一个立方体的边长是1，那么这个立方体任何一面的面积就是1×1，而它的体积就是1×1×1。如果它的边长是2，那么面积就是2×2，体积就是2×2×2。如果边长是3，那么面积就是3×3，体积就是3×3×3。物体变大时，面积是边长的平方，体积是边长的立方。这就是所谓平方、立方法则。

蚂蚁和跳蚤的体重，取决于它的体积，也就是它的个头。它的身体能承受多大自重，则取决于它的腿有多粗，脚有多大，也就是它的腿和脚的横截面面积。按照平方、立方法则，它的体积和体重的增加幅度，远大于腿和脚的横截面面积和承受能力的增加幅度。

如果它的身体无限发育，只有两个结果：要么，蚂蚁和跳蚤长得不像它自己；要么，它会被自重压死。因此，一个生物体变大后，它的外在形态和内在结构必然要发生重大的改变。不然，就难以为继。

宇宙间有一些基本的规律，制约着一个物体的规模和大小，也制约着它的发展速度。这个道理既神奇，又朴素，但也经常被人忽略。

对于企业来说，这就意味着，每多卖一件产品，每多增加一名员工，都在对原来的组织机体提出挑战。虽说问题不至于如此严重，但不同的规模企业，要求有不同的组织结构和经营政策却是必然的。否则，高速成长就会给企业带来一系列的问题。

1. 高速成长会带来决策问题

现代系统论认为，当元素的数量增加，元素间的差异性加大，以及元素的不确定性和元素间的相互依赖性增强时，系统的复杂性也将随之加大。企业高速成长，意味着人员和部门的增多，业务和市场的拓展。这会加大企业经营管理的复杂性，使决策者面对的问题增多，难度加大。

以前，他面对 10 个员工，可以对每一个员工提出的问题做出决定。现在，企业发展壮大了，他要面对 100 名员工。由于外部环境的变化，每个员工遇到的问题可能不止一个。假定是 2 个，那么总计就有 200 个问题。也许他的能力有所提高，但应对这 200 个问题，也足以使他焦头烂额，疲于奔命。所以，企业高速成长，对于管理者的体力、智力和耐力，都将是一个巨大的挑战。

2. 高速成长会带来人才问题

企业高速成长，不光对人才的数量，而且对人才的质量，会提出更高的要求。

解决这一问题，无非是两条途径，一是内部培养，二是外部引进。内部培养，往往需要一个时间周期。外部引进人才，则有一个认同与融合的问题。用人问题急不得，用柳传志先生的话说，要"撒一层土，夯实了，再撒一层"。

唐朝末年，黄巢起义，"打下一座县城，却派不出一个县官"。当年，郑州亚细亚商场要在全国开分店，派不出总经理，只能让售货员上。所有事业都要人才的支撑，人才供给跟不上事业发展，肯定也不会是什么好事。

3. 高速成长会带来管理问题

企业高速成长，会带来一系列的管理问题。首先是管理制度和管理方法问题。企业发展了，原来的管理体系会失效。如果变革不及时，经营绩效就会大打折扣。

其次是管理效率问题。即便管理体系成熟了，还是会有管理问题。因为随着企业规模扩大，雇佣人员增多，会出现所谓委托代理问题。管理链条不断延伸，管理效率不断降低，这个趋势难以避免。

最后就是产品质量和销售回款问题。俗话说，"萝卜快了不洗泥"。在业绩的压力之下，生产部门容易滋生忽视产品质量的倾向。在业绩的压力之下，销售部门容易滋生降低信用标准的倾向。重产量不重质量，重销售不重回款，这将为企业以后的发展埋下隐患。

4. 高速成长会带来资金问题

高速成长的企业，极易发生资金紧张问题。它到底是如何产生的呢？

企业是一连串"链条"的总和。在这些链条中，除销售环节外，每一个环节都需要支付现金。需要现金的环节极多，产生现金的环节极少，是企业运营最基本的特点。产量与销量，利润与现金，并不必然同步。增产不增收，增收无现金，不是个别现象。因此，经营管理不善的企业，极易出现资金问题。

高速发展的企业，不仅有维持经营的资金需要，而且有扩大产能的资金需要。建厂房需要资金，买设备需要资金，多招人也需要资金。资金从哪里来？在不考虑外部投资的情况下,主要来自经营收益。故而高速发展的企业,对资金的需求尤为迫切。

是不是利用外部投资,就能解决问题呢?那也未必。很有可能资金问题没解决,又带来新的问题,比如控制权问题等。外部投资太多,股权过分稀释,直接导致创始人出局。企业发展半天,创始人出局,这是创业者所要的结果吗?

5. 高速成长会带来风险问题

一方面,高速成长本身就是高风险的行为。

环境是影响企业经营的重要因素。环境因素包括利率的调整,产品价格的变化,消费者偏好的改变,原材料供应情况,新技术、新产品的出现等。环境变化,要求企业的经营政策随之调整。但高速发展的企业,经营政策调起来,往往比发展慢的企业更加困难。这无疑会加大企业风险。

另一方面,高速成长的行业,本身的风险往往也很大。

高速成长的企业,往往居于高速成长的行业。高速成长的行业,往往具有更大的吸引力。随着众多竞争对手的加入,竞争格局会逐步改变。顾客及供应商会有更多的选择，他们的议价能力随之提高，进而产成品价格下跌，原材料价格攀升。在上下游的双重挤压下，极有可能导致企业利润暴跌。

由此看来，高速成长的背后，往往隐藏着巨大的危机。如果不加注意，就有可能被速度所产生的各种问题所吞噬。按照管理大师彼得·德鲁克的观点，高速成长的企业，其实是非常脆弱的。

三、良性发展必须有理性的态度

然而，在许多中国企业家看来，企业快速发展起来比什么都重要。TCL公司董事长李东生的观点很有代表性，"大不一定强，但不大一定不强"，先发展起来再说。

很显然，发展快了有很多好处。第一，可以使企业迅速发展壮大。或者说，发展本身就是目的。第二，为进一步发展创造更加有利的条件。比如，获得消费者和投资人的关注，获得政府和社会各界的支持。第三，获得市场上的"先发优势"。率先进入和引领市场，可以赢得后发企业所无法获得的地位、影响和控制力。

快速发展固然有这些好处，但企业发展自己仅是为了这些好处吗？中国古人讲求正心，诚意。也就是说，做事情首先要明确目的，端正态度。企业发展真正的目的和正确的态度应该是什么呢？

肯定不是为了折腾自己，更不是让自己活得更糟。而是为了活得更好，或者说在一个更高的层面上活。除此以外，还必须明白一个道理：企业竞争，首先争的是生存，其次才是发展，并且这个顺序不能颠倒。连生存都不能保障了，谈何发展？！因此，发展绝不是越快越好，发展必须是良性的，发展绝不能危及生存。

既然是要追求良性的发展，就必须有一个理性的态度。换言之，不能太盲目。盲目发展，即使再快，也不是好事。理性发展，即使再慢，也不是坏事。更不能太任性。不能由着管理者的性子来，也不能由着市场的惯性来。

什么是良性发展，或者说良性发展有什么特点呢？

首先，要符合企业发展战略。

跑得再快，不能偏离轨道。偏离轨道，那叫跑偏，是不会有好结果的。企业发展再快，也不能偏离自身的使命和方向，不能偏离既定的战略定位和战略目标。

其次，它应该是可持续的。

什么叫可持续？就是不能过度透支资源，保留企业发展后劲。可持续发展的衡量标准是，销售增长、利润增长和现金增长，同步或接近于同步。

为什么要可持续发展？

老子在《道德经》中说，"飘风不终朝，暴雨不终日"。暴风不会刮一个早晨，骤雨也下不了一整天。老子还说，"企者不立，跨者不行"。踮着脚尖，站不太久。大步跨行，走不太远。

一张一弛，张弛结合，张弛有度，是事物发展的常理。个人老是绷得紧紧的，非疯掉不可；企业老是绷得紧紧的，非死掉不可。无论个人还是组织，长期处于紧张状态，都难以持久。

第三，它应该是可控制的。

一辆汽车，既有加速装置，又有减速装置，才能上路。所谓加速装置，就是油门。所谓减速装置，就是刹车。只有油门踏板，没有刹车踏板，车子会失去控制。

企业也是一样。想快时要能快起来，想慢时也能慢下来，要能按照自己的意愿调节速度。想慢的时候，慢不下来，就会失去控制。就像风筝一样，总要有一根绳牵着。没有绳子牵着的风筝，绝不会飞得更高，只会一头栽倒在地上。

第四，它应该是稳定的。

所谓稳定，就是发展要平稳，不能忽快忽慢，忽高忽低。浙江网盛科技公司董事长孙德良有一个观点，企业发展要"激情澎湃走楼梯"，而不能是大起大落的"乘电梯"。

当然，它也应该是有效益的。

战争中有一个说法，叫以战养战。不然，战争本身，就足以把一个国家拖垮。企业经营活动，要有造血功能，单靠外部输血，难以持久。以发展促效益，以效益促发展，发展才可持续。

什么叫良性发展呢？良性发展至少要符合上述五条标准。毫无疑问，符合上述五条标准的发展速度，一定低于企业的最快发展速度。

广东步步高公司有一个概念，叫"足够的最小发展速度"。关于发展速度,我们可能真的要扭转观念。潜意识深处,大家都认为越快越好,或者说追求最快发展速度。其实,我们所追求的,应该是满足最高要求基础上的最慢发展,或者说最佳发展速度。

四、良性发展应该考虑哪些因素

实现良性发展,经营者要考虑的因素有很多。每个企业都有自身的特点,所处行业也不尽相同,因而所要考虑的因素也不会完全一样。尽管如此,但仍有一些共性因素是都要涉及的。

正如一部车子,能跑多快,既受车况的影响,又受路况的影响。车子不好,跑太快了,会散架。路况不好,跑太快了,会翻车。车况、路况,共同决定适宜的行驶速度。对于企业发展来说,车况、路况又是什么呢?路况,就是企业所在行业性质。车况,就是企业自身基本素质。这两个方面的因素,是所有企业都要考虑的。

就企业所在行业性质而言,要考虑以下几个基本因素:

（1）行业经济特性。有些行业，快些发展，会有天然的竞争优势。比如，规模经济效应明显的行业，就可以适当加快发展速度。这些行业，经营规模越大，投资回报率越高。同时，规模和盈利也可以为日后发展奠定良好的基础。再比如，先发优势明显的行业，快速发展可以及时锁定一批顾客。也可以适当加快发展速度。

（2）行业发展阶段。企业所在行业处于不同发展阶段，应采取不同的发展策略。如果是处于成长期，那么企业发展速度就不应低于行业平均发展速度。低于这一速度，企业就不可能在市场立足，因为速度就意味着市场。如果处于成熟期或衰退期，那么企业发展速度就可以适当放慢，以节约资源并寻求别的发展机会。

（3）竞争对手情况。华为公司有一条规定，"要达到和保持高于行业平均，或高于行业中主要竞争对手的成长速度"。竞争对手都在跑马圈地，开疆拓土，你却按兵不动，这是被淘汰的前奏。

（4）市场接受程度。企业成长是企业与市场之间互动的结果。没有好的市场环境，可持续发展就无法实现。如果企业不考虑市场接受程度，盲目加大市场开拓力度，过度挖掘市场甚至是透支市场，肯定会加大发展成本，甚至会被市场无情抛弃。上赶着不是买卖,发展的事急不得。

就企业自身基本素质而言,要考虑以下几个基本因素:

(1)**资源供给情况。**一定量的资源,是企业发展的基础。企业发展要受到资源供给水平的制约,超越资源承受能力会有很多负面效应。在制约企业发展的诸多资源要素中,资金和人才是两大基本要素。只有资金和人才充足,企业才可以将市场机会转化为盈利。

因此,人才储备充足的企业,可以提高发展速度。反之,就应当放缓发展速度。资本结构比较合理,或融资能力较强的企业,可以适当加快发展。反之,就应当放缓发展速度。具体怎么判断呢?看人才,可以观察是否人人有事做,事事有人做。看资金,可以观察是否有捉襟见肘,拆东墙补西墙的情况存在。

(2)**运营效率高低。**企业不仅是一个人、财、物的概念,而且是人、财、物的结合状态。人、财、物结合好的企业,运营效率就高。反之,就低。如何衡量人、财、物的结合状态呢?一些财务指标可以帮得上忙。简单说,生产增长率应接近于销售增长率,盈利增长率应

接近于销售增长率。换言之，生产出来的东西应该能卖出去，卖出去东西应该能收到钱。否则，最好"马儿你慢些跑"。

（3）业务稳定程度。企业初期的快速发展，主要体现为业务量的扩展。但如果这种扩展不稳固的话，企业的发展也难以持续。衡量业务稳定程度的主要参考指标，有顾客满意度、顾客流失率、新客户增加比例等。企业可以根据这些指标的高低，适当加快或放慢企业发展速度。

五、企业增长速度到底多快合适

企业到底增长多快合适？大约40年前，有个美国财务学者对这个问题做了深入研究，他就是罗伯特·希金斯（Robert C. Higgins）。也有人把他的研究结论称为希金斯模型。希金斯模型主要探讨企业可持续增长问题，所以又称可持续增长模型。

什么是希金斯所说的可持续增长呢？他是这样说的，"不需要耗尽财务资源的情况下，公司销售所能增长的最大比率。"这个比率就是所谓可持续增长率（Sustainable Growth Rate，简称SGR）。他所说的"不耗尽财务资源"，是指不发行新股，或投资者不追加投资。

他的探讨还基于以下两个假定：一是运营效率保持不变。运营效率表现为资产周转率和销售净利率，主要由销售政策包括价格政策，以及资产营运政策决定。运营效率不变，也就是说销售政策和资产营运政策不变。二是不改变目前的财务政策。财务政策包括融资政策和股利政策，表现为资产负债率和利润留存率。财务政策不变，也就是说资产负债率和利润留存率保持不变。

希金斯模型的核心逻辑是这样的：

企业增长表现为销售增长。在资产周转率不变的前提下，销售增长一倍，则资产也必增长一倍。同理，在资产负债率不变的前提下，资产增长一倍，负债增长一倍，净资产也会随之增长一倍。因此，销售增长和净资产增长，必然是同步的。由此可以推导出，可持续增长率应该等于净资产增长率。

围绕这个思路，还可以做进一步的推导：

可持续增长率＝净资产增长率

＝（期末的所有者权益－期初的所有者权益）/期初的所有者权益

＝当期留存利润/期初的所有者权益＝（留存利润/净利润）×（净利润/所有者权益）

＝利润留存率×净资产收益率＝利润留存率×资产周转率×销售净利率×权益乘数

希金斯的结论是：一个企业可持续增长比率等于利润留存率、资产周转率、销售净利率和权益乘数四个比率的乘积。假如一个企业的净资产收益率是15%，利润留存率是50%，那么就意味着，企业在不扩大杠杆的情况下，最多可以实现7.5%的增长率。当然，这个结论有个前提，就是不改变财务政策，同时运营效率也保持不变，或者说资产周转率、销售净利率、资产负债率、利润留存率等四个比率均保持不变。

当实际销售增长率与可持续增长率不能保持一致，企业会出现什么情况呢？

当实际增长率大于可持续增长率时，企业将会发生现金短缺问题。当实际增长率小于可持续增长率时，企业将处于现金过剩状态。长时间现金短缺，会发生财务危机。长时间现金过剩，也会损害企业价值。既不出现问题，又能茁壮成长，才是最好的状态。

希金斯把"不需要耗尽财务资源的情况下，公司所能实现的最大增长比率"，称为可持续增长率。我们还可以进一步追问，希金斯为什么这么说呢？

我们可以这样理解，企业的销售每增长一元，利润一般仅会增长几分。但销售每增长一元的同时，势必也要求在流动资产和固定资产上增加投资。利润留成部分固然可以成为新增投资的资金来源，但对于高速成长的企业来说，这部分利润肯定不敷使用。因此，它必然寻求外部资金的支持。在资本结构合理的情况下，外部筹资尚属可行。但高速成长的公司频繁外部筹资，极易导致财务结构失衡，加大自身财务风险。一旦环境发生变化，财务危机随时可能发生。

地产商人潘石屹曾经讲过这样一件事情：

在海南博鳌，他们有个项目叫"蓝色海岸"。在这个小区里，在他们种了很多树。他发现那里的树，长得稀稀落落的。原因呢，大概是因为那里的红土地，不如北方的土地肥沃。于是，他建议那里的园丁多施一些肥。但园丁的回答，让他感到非常意外。园丁说，这里紧邻海边，不能施肥。施肥的树木，虽然长得很快，但根扎不深。台风来了，会把它连根拔掉的。只有自然生长的树木，才能经得住台风考验。

这件小事对他触动很大：做企业何尝不也是这样啊？！在经济形势好的时候，有些企业拼命扩张，扩张的速度不只像施了化肥，简直像喂了激素。一旦经济形势发生波动，特别是当经济危机来临时，最先倒下的肯定也是这批企业。他感慨，这样的企业太多了，死掉的比活着的还要多！

希金斯模型到底在说什么呢？他在说，企业领导！你不能拔苗助长！或者说，企业领导！悠着点，别跑太快了！这就是四十年前美国学者希金斯阐明的发展道理。

这样的道理并不新鲜。《论语·子路》："欲速则不达。"《孟子·尽心上》："其进锐者，其退速。"孟子还讲过拔苗助长的故事。老百姓讲话，"不怕慢，就怕站"。道理很清楚，大家也都明白，可为什么多数企业就是做不到呢？

其实，很多事情跟道理没关，跟人性有关。有些道理，绝不会因为有人说了，我们就懂。也有些道理，绝不会因为我们懂了，就会照着去做。不交足够多的学费，是学不到真东西的。不吃足够多的亏，也是难以长记性的。正如黑格尔所说，人类从历史中所得到的教训就是：人类从来不吸取历史教训。

附记：也谈所谓深度长文

大约1998年左右，在北大MBA班的管理学课堂上，笔者看到这样一则课后思考题：企业发展速度太快会出问题，速度太慢也会出问题。影响企业速度控制的关键变量是什么？

顿时，笔者眼前一亮，这个问题问得好！很多企业高速发展出了问题，所以肯定不能发展太快，但到底多快发展合适啊？大家都一路高歌猛进呢，谁都不这么思考问题。但笔者认为这个问题有重要的现实意义。

自己思考，百思不得其解。与人探讨，也找不到门道。看报刊上的观点，很难让人服气。后来，笔者专门写了一篇文章，题目就叫《企业发展究竟多快合适》，最终发表在 2008 年 1 月 21 日的《北京日报》上。

其实，我们今天思考的问题，历史上早就有人思考过。只是我们不知道而已。随着涉猎的增多，接触到管理大师德鲁克和希金斯等人的观点。此时，对于企业发展问题，方始有茅塞顿开的感觉。一直有重写该文的想法，又拖了很多年，直到今天方才动手。应该说，这篇小文是建立在许多前辈的思考之上的。

第 8 篇

经营企业要学会"过河拆桥"

企业家最看重的是什么？投资家最在意的是什么？好企业、坏企业的差别是什么？企业的命脉是什么？其实，这些问题说的是一回事儿！

题目用"过河拆桥"，不是教人学坏，更没有探讨商业道德之意。这里重点探讨利润的来源，以及竞争壁垒的构建。

一、什么样的企业最赚钱

什么样的企业最赚钱？说到这一话题，大家首先想到的往往是高新技术企业。事实真的是这样吗？笔者手头掌握的数据不多，更没有进行所谓"实证分析"。但当笔者看到投资家提供的一组数据，还是非常震惊的。

东方证券副总裁王国斌曾提供一组数据：**美国1950年到2003年给投资人最佳收益的股票分别是卡夫食品、雷诺烟草、新泽西标准石油和可口可乐公司。**

他还提到杰里米·西格尔在《投资者的未来》中汇总出的一组数据。**1957—2003年，标准普尔500指数"幸存者"表现最佳的有20个。这20个最佳"幸存者"，主要出自两个产业：高知名度的消费品牌公司和大型制药企业。这两个产业共占17家，占比高达85%。其中，菲利普·莫里斯在46年时间里，上涨了4600倍，排名第一。**

王国斌还说，第二次世界大战以来，世界流行过很多高科技，比如1950年的航空、电视，19世纪六七十年代的计算机，19世纪八十年代的生物技术，1990年到2000年的互联网。但是从股票表现上来看，前二十名找不到所谓的高技术公司。

在一次演讲中，投资大师沃伦·巴菲特也谈到他对这一问题的看法，并展示了他的统计分析结果。

汽车是 20 世纪上半叶最重大的发明。它对人们的生活产生了巨大的影响。如果在第一批汽车诞生的时代，你目睹了国家是如何深受汽车产业的影响而发展起来的，那么你可能会说，"这是我必须要投资的领域。"假如那样，结果又会怎么样呢？

美国历史上曾有 2000 多家汽车公司，但最终只有通用、福特、克莱斯勒等 3 家企业活了下来。并且，在前不久，这 3 家公司的市场价格都低于其账面价值。换言之，已没有任何投资价值。

飞机是 20 世纪另一项伟大的发明。莱特兄弟发明"小鹰号"飞机之初，每个人都对这个新兴的行业充满了期待。身处那个时代，每个投资者都不免蠢蠢欲动，心想这才是自己要投资的领域。然而，事实到底怎么样呢？说出来，同样让人震惊！

从 1919 年到 1939 年，美国曾有 200 多家航空公司，但绝大多数公司都不赚钱。巴菲特开玩笑说："我真的宁愿这么想——当我回到小鹰号时代，我会有足够的远见和'见义勇为'的精神，把奥维尔·莱特给打下来。但我没做到，我有愧于未来的资本投资人。"什么意思呢？这个行业投资回报率很低，太对不起投资人了。

这些数据和事实足以说明，**技术的新旧程度，以及技术含量的高低，与利润水平的高低并没有必然的联系**。曾经的新兴产业，从汽车、飞机、计算机、手机到电子商务，存活下来和盈利的企业都是少数。产业的趋势并不等于企业的趋势，更不等于企业盈利的趋势。

二、企业利润从哪里来的

既然利润和技术没有必然联系，那么，企业利润又是从哪里来的？

看到这个问题，很多人可能会说，那还用说吗，当然是通过销售商品或提供服务创造的。这么说固然不错，但它提供的信息为零。

媒体人罗振宇说："你的报酬不是和你的劳动成正比，而是和你的劳动的不可替代性成正比。"他说的是个人。至于企业，也是如此。**企业赚不赚钱，往往不是因为提供了质量更好的产品，而是因为提供了不可替代的产品**。价格的高低和利润的多少，主要和商品的竞争力和稀缺程度有关。

从经济学的视角看，尽管行业竞争格局有多种类型，但最极端的情况只有两种，一种是完全竞争，另一种是完全垄断。

经济学也告诉我们，在一个完全竞争的行业，企业只能以接近边际成本的价格出售产品。换言之，他将根本无利可图。只有在不完全竞争的情况下，公司才有一定的定价权，才能获取一定的利润。不完全竞争的极端情况，就是垄断。

然而，世人对垄断有着很深的误解。

汉语里的"垄断"，来源于《孟子》。孟子发现，无论官场还是商场，都有人想进行垄断。

"古之为市也，以其所有易其所无者，有司者治之耳。"在古代，设立市场能互通有无，不存在谁欺负谁的情况，这是由于有关部门管理得好。

"有贱丈夫焉，必求龙断而登之，以左右望而罔市利。"有那么一个卑鄙之人，总要找块高地登上去，以便左右张望，从而把市场上的好处都捞过来。

在汉语里，垄断就是把持和独占，含有霸道的意思。

垄断，在英语里对应的词语则是 Monopoly，本义是独占、专卖。

其实，垄断有很多种情况，不能一概而论。

第一种情况，是政策垄断。比如，政府可以自己把持某种商品的经营。这叫专卖。中国历史上，曾对盐、铁、酒、茶、醋、矾等产品实行过专卖。政府也可以通过核发牌照，限制某类商品或服务的经营。

第二种情况，是非法垄断。用阴谋或暴力手段，达到排挤竞争对手的目的。它不但违反法律，而且违背道德。

还有一种情况，既不违反法律，又不违背道德。它是通过正当经营形成的垄断，或可称为策略垄断。比如，通过技术创新，或依靠品牌优势等，建立起市场上的绝对竞争优势。

当然，世人对于利润的误解更多。

利润对于企业有什么用呢？利润帮助企业抵御风险，也是企业的创新基金和发展基金。利润是企业自身价值的体现。离开利润，企业就没法活。说它来自工人的血汗，意味着贪婪，充斥着罪恶，真是太偏颇了！

迈克尔·波特是美国著名竞争战略学者。在攻读博士时，他注意到一个重要现象：**由于竞争壁垒的存在，在某些行业和企业中"存在且可以持续存在超额利润"**。

在经济学家看来，不充分竞争状态是低效的，是一个需要解决的大问题。但波特认为，这恰恰是企业不断探寻追求的解决方案，是企业经营的理想境界。企业应当寻找到正确的定位，形成结构性壁垒，才能保障源源不断的超额利润。正是从这一点出发，波特建立了他著名的竞争战略理论体系。

俄国大文豪托尔斯泰有一句名言："幸福的家庭总是相似的，不幸的家庭各有各的不幸。"美国著名投资家彼得·泰尔则说："**企业成功的原因各有不同：每个垄断企业都是靠解决一个独一无二的问题获得垄断地位；而企业失败的原因却相同：它们都无法逃脱竞争。**"他也说，垄断并不是商界的症结，也不是异常存在，而是每个成功企业的写照。他的观点是，失败者才谈竞争，创业成功必须垄断。

在普通人看来，垄断是不道德的，必须打破。在经济学家看来，垄断是低效的，是一个问题，必须解决。但在企业家看来，垄断不但是高效的，而且是必须的，甚至是整个企业长期为之奋斗的终极目标。这在一流企业家那里，是一个共识，尽管很多人没有意识到。

作为战略管理方面的资深人士，有时候我想，**假如**

非得用两个字概括企业战略要义的话，这两个字一定是垄断。

三、竞争壁垒有什么价值

垄断对企业那么重要，如何才能形成垄断？

垄断的对立面是竞争。要达成垄断，就必须排除和限制竞争。而建立竞争壁垒，是排除和限制竞争的基本手段。当然，建立竞争壁垒有不同的方法和途径。

我们知道，价格对于企业非常重要，因为价格决定利润空间的大小。价格是如何形成的呢？

可以想象一下：市场上有买方，也有卖方。一方漫天要价，另一方坐地还钱。买方有议价能力，就可以降价。卖方有议价能力，就可以涨价。最后，买卖双方都再无议价的能力，于是成交，价格形成。这个价格也叫均衡价格。

因此，**毛利取决于价格，价格取决于话语权和议价能力；话语权和议价能力，取决于供求关系**。而在需求一定的情况下，排除和限制供给，显然能提高自身的议价能力，并最终提高自己的利润水平。竞争壁垒对于企业的价值，通过这一连串的关联效应凸显出来。

很多人知道，德国企业效益好。原因何在？经济学家分析，德国企业赚钱，是因为德国企业拥有定价权，利润非常有保障。他们确定的价格，买家不能讨价还价。有人统计，在全世界，三千多种德国产品具有说一不二的定价权。他的定价权则来自他的优势：要么人无我有，要么人有我优。例如，克虏伯的无缝钢管全世界最好，即使善于模仿的日本，也做不出同等质量的产品。

换言之，竞争壁垒的价值就在于，保护企业的利润流，降低和避免竞争对手的侵蚀和冲击。同时，还可以增强企业盈利的可预测性，消除盈利的不确定性。没有竞争壁垒，企业的利润就没有保障。

投资家在选择投资项目时，无不重视竞争壁垒，他们甚至拿它当作鉴别项目好坏的"试金石"。

巴菲特有一个著名的理论，叫护城河（Moats）理论。所谓护城河理论，即强调一切的投资标的都要有入门的门槛。他认为，一个好的企业，必须有自己的护城河。只有拥有护城河的企业，才能拥有定价权（Pricing Power）。他有一句名言："判断一家公司的优劣，我只看它是否有定价权，CEO姓甚名谁有时候根本不在我考虑范围内。"

巴菲特曾一遍遍地向公司高管强调"始终专注于寻找拓宽护城河的机会，拓宽使公司领先于竞争对手的护城河"。复星集团是巴菲特的中国拥趸，该集团CEO梁信军说："当遇到仿制者花费两三年的时间就可以提供同等水平产品的投资项目时，复星都会格外小心。"

作为一家企业，你必须有一些东西，你有别人没有，你会别人不会，你能别人不能。这些东西，可以统称为竞争壁垒。没有竞争壁垒的项目，就没有投资价值，因为谁都可以做。

四、经营者要有壁垒意识

竞争壁垒这个东西，无论是经济学，还是管理学，无论是企业家，还是投资家，都非常关注，只不过说法不同而已。有的称之为进入障碍，有的称之为竞争壁垒。有的称之为价值保护机制，有的称之为利润隔离机制。还有的称之为战略控制手段。投资大师巴菲特则称之为护城河。

无论说法是什么，但指的都是同一个东西，并且其目的、作用都是一样的，那就是抵御竞争，保护利润。既然竞争壁垒是护城河，企业要设法越过护城河，然后把过河的桥拆掉，使它只对别人起到阻挡作用。本文题目，取名"经营企业要学会'过河拆桥'"，即为此意。没有护城河的企业，再优异的业绩也只能是昙花一现。

2005年，谷歌公司投资5000万美元，收购安卓操作系统。手机操作系统和搜索引擎技术，本无甚关联，谷歌公司出于建立护城河或竞争壁垒的考虑，决定购买安卓操作系统。站在它当时的立场，它认为互联网未来的终端是手机，如果客户手机里安装的是他家的操作系统，自然会用他家的搜索引擎。如果安装的是别人的操作系统，自然会侵蚀他搜索引擎的领地。搜索引擎是它的势力范围，绝不容他人染指，所谓"卧榻之侧、岂容他人鼾睡"。

猎豹CEO傅盛说，未来大量公司的连接将是资本的连接，不是把地越圈越大，而是把自己越做越厚。傅盛举了腾讯做例子，"腾讯这五年和前十年风格完全不同。腾讯把核心业务做扎实，然后把边缘的地方用资本连接，而不是用人力和管控去连接。"腾讯的这种做法，其实就是建立护城河。做强自己，同时建立宽阔的护城河，是BAT等中国一线互联网企业的基本思路。

打起仗来，要会进攻，也要会防守。只有攻守兼备，才能立于不败之地。经营企业也是同样道理。只有发展意识、盈利意识，没有竞争意识、壁垒意识，极易陷入被动，甚至导致战略性崩溃。相反，成熟的企业家都有很强的竞争壁垒意识。

当当网创建于1999年，比京东早5年，曾在中国图书电商领域占绝对优势地位。2010年10月8日，当当网成功上市，被誉为"中国的亚马逊"。可当当并未保住先发优势地位，迅速掉队，现在已被挤出电商第一阵营。

当初，当当网以图书电商立网，员工多来自出版社，CEO李国庆也深谙图书产业链与定价规则。他们考虑的更多的是，卖一本书可以赚多少钱。为减少投入，当当坚持"有钱也不自建物流"。图书电商为当当贡献了大部分利润。

但这样做下去，你与竞争对手相比，有何优势可言呢?！赚钱的美梦是有条件的，这个条件就是竞争壁垒。没有竞争壁垒，再甜美的梦都做不长！

2011年，京东放出口号，"5年内不允许京东图书部门盈利"。京东图书的定位是，电子商务主动搜索消费频率最高的标准品。他们的考虑是，如果卖一本书亏损5元钱，但可以带来一个有效注册用户，远低于通过营销获得一个用户的成本，这个生意就非常值了。

刘强东认为，"成本、效率、用户体验"，构成零售电商的三大竞争要点。只有在竞争要点上超越对手，才有优势可言。京东坚持自建线下物流，即便巨额亏损也不为所动。对上游供货、对下游物流仓储的一体化闭环对接，最终形成它垄断的护城河。当初导致巨亏的物流体系，如今已成为京东最核心的竞争优势之一。

当当网只有盈利意识，没有壁垒意识，很快被后来者追了上来。这个教训不能说不惨痛！

五、建立壁垒有哪些路子

经营者对竞争力普遍有认识,但对竞争壁垒普遍没有认识。其实,建立壁垒目的在于抵御竞争,其结果是提高竞争力。因此,竞争壁垒和竞争力提高,差不多是同义词。

可以构成竞争壁垒的东西有很多,一切有利于排除竞争的东西都可以算作竞争壁垒。常见的竞争壁垒有品牌、技术、价格、资源等。这里择其要者分述如下:

1. 品牌壁垒

1985 年,可口可乐更改配方,结果引发全国性的消费者抗议。在美国人看来,可口可乐已成为美国历史和文化的重要组成部分,不能随意更改。**在美国,有三件事被认为是只有靠上帝帮忙才能实现的,一是彩票中头奖,二是当选美国总统,三是战胜可口可乐。**可口可乐的品牌就是它最主要的壁垒。

2. 价格壁垒

诺贝尔在发明炸药之后,创建了炸药卡特尔集团。

很长一段时间,该集团几乎垄断了全球的炸药市场。后来,尽管诺贝尔的专利权已经到期了,但这丝毫没有影响该集团的垄断地位。它之所以能够长久保持这个地位,主要是通过降价策略。

每一次降价,它的业务量就会增加10%~20%。那时,卡特尔集团旗下公司的投资早已完全收回,所以消化剩余产能的方法就是低价出售产品。这种情况使潜在的竞争对手对建立新的炸药工厂望而却步,而卡特尔本身却依然保持着它的盈利。

老干妈是中国辣椒酱大王。老干妈的创始人陶华碧尽管文化程度不高,但她深谙经营之道。老干妈深知,在市场份额领先的情况下,产品价格涨幅不能太大。否则,就会给竞争对手以可乘之机。

以老干妈的主打产品风味豆豉和鸡油辣椒为例,其主要规格为210克和280克,其中210克规格锁定8元左右价位,280克占据9元左右价位,其他主要产品根据规格不同,大多也集中在7~10元的主流消费区间。

由于老干妈的价格策略极具竞争力,其他品牌只能选择避让。比如,李锦记340克风味豆豉酱定价在19元左右,小康牛肉酱175克定价在8元左右。竞争对手在这个价位，要么做不出性价比这么高的产品，要么无利可图。老干妈的价格策略非常成功，达到了有效抵御竞争的目的。

3. 规模壁垒

有些行业，规模越大，越有优势，竞争地位越安全。这是因为有规模经济的存在，规模小的企业与规模大的企业，在成本结构上根本无法与之相比。

京东商城自创立以来，多数年份是亏损的，2015年更达到了创纪录的95亿元。但他们不以为意。在他们看来，"京东盈利一点都不难，砍一砍市场费用，减少点仓储物流的投入，马上就能盈利。可是那么做就等于输了未来。"

京东追求的是规模和快速增长。只有绝对的规模优势，才有经营上的安全可言。刘强东曾表示："看起来比对手多几十亿元很安全了，但那没有意义。必须达到绝对值的安全，才能应对一切突发事件。"这个绝对值是500亿元，那时京东可以全部做到厂商直供。500亿元意味着可以超越其他B2C获得融资，意味着产品安全，意味着没人封杀，意味着现金流安全，意味着人才和管理一切内部机制健全，还意味着京东注册用户过亿时，任何品类都可以尝试。

4. 技术壁垒

首先,技术上你要比竞争对手有优势。优势要领先多少呢?彼得·泰尔说,要比替代品好 10 倍,才能有垄断优势。比如以前人们写的支票 7 至 10 天才能提现,使用 PayPal 可以立刻拿到现金。只是一丁点儿微不足道的改进,消费者是不会买账的。

另外,控制技术标准,或在技术上锁定下游客户,也是建立竞争壁垒的好办法。这方面成功的商业案例也有很多。

5. 资源壁垒

有些资源对于价值创造,非常关键。企业控制关键资源,对于排斥竞争,也非常有效。

比如东胶集团,它的主导产品是阿胶,而驴皮是熬制阿胶的关键资源。为了掌控驴皮资源,东胶集团在全国甚至全球建了很多养驴基地。为了一张皮,不惜养一头驴。在控制关键资源上,东胶集团可谓下足了功夫。

作为中国著名企业家,王健林的壁垒意识也非常强。他深知,创意和人才,对于文化地产项目至关重要。为了搞好文化地产项目,万达在全世界范围内搜罗人才,

2011年仅猎头费就花去1亿元。为了防止他人挖角和模仿,他与国际大腕、世界顶级主题公园设计公司签订排他性合作协议。

王健林说:"比如武汉这儿做个'秀'挺好的,可跟这个地方临近的政府如果都叫我去做一个,那不是跟自己竞争吗?但如果我不做,他们找到德贡和佛瑞克:万达不是给你20亿元吗?我给你25亿元,叫你赚5亿元,你给我照样打造一个!如果完全这么弄,就做滥了。"他知道,把关键资源抓在自己手里,才能立于不败之地。

这里罗列了一些竞争壁垒,但它们不是彼此孤立、隔绝的。在有些壁垒之间,存在着相互强化、彼此支撑的关系。比如苹果公司,它的优势有很多方面,但也是有机统一的整体。它在硬件方面,比如超级触屏材料等,拥有很多专利技术。在软件方面,比如为特定材料而设计的触屏界面等方面,也拥有很多专利技术。这为它构筑了强有力的技术壁垒。它的生产规模很大,足以主导原料的价格,则构成它的规模壁垒。

成千上万的开发者为苹果产品编写软件,因为苹果拥有亿万用户,而这些用户之所以选择苹果的平台,是因为这里有好的应用程序。其内容生态系统带来很强的网络效应,这使得竞争对手难以企及。当然,它的品牌形象更是光彩夺目,令对手望尘莫及。这些壁垒相互镶嵌在一起的,使得竞争对手更加难以超越。

总之,竞争壁垒及垄断的形成,是一种非常复杂的商业现象。它不完全取决于管理当局的努力,也受很多客观因素的影响。尽管有些壁垒随着企业的发展壮大,可以自然而然地形成,但更多的则是需要管理当局有意识地加以构建。

附记:持久盈利离不开竞争壁垒

企业是一种营利性组织。盈利,并且持续不断地盈利,差不多是所有企业追求的目标。但只有极少数企业能做到这一点。这是统计学告诉我们的历史事实。

为什么呢?

俗话说,"独门生意最好做"。只此一家,别无分店。经济学告诉我们,垄断的企业有钱赚。企业战略管理学告诉我们,要建立竞争壁垒。说白了,企业不仅要有盈利机制,而且要有盈利保护机制。不然,盈利就是一句空话!

第 9 篇

世上本没有利润

挣的钱都到哪儿去了？挣的钱可以随便花吗？利润水平越高越好吗？经营要以利润为中心吗？利润到底是个什么东西？这些问题看似简单，但真把它说清楚也不容易。

一、利润具体是什么

假如你问一个企业人：什么叫利润？

一般情况下，他会说：利润就是我们挣的钱啊！人们潜意识深处，产出大于投入的部分，就是企业挣的钱，企业挣的钱就叫利润。这么说固然不错。其实，利润要远比这复杂得多。

在我国，利润属于国家财经法规规范的内容，这些法规主要包括会计准则和会计制度等。但是，试图通过查阅法律条文，来吃透利润的本质，这个事恐怕也比较困难。

首先，这些条文不好懂。会计准则和会计制度是供专业人士看的。其中的用语非常艰深，表达非常烦琐。其次，有些说法不尽一致。一方面，我们国家的会计准则和会计制度一直在变。另一方面，我国的会计准则和会计制度和国外的也不尽相同。

利润本来是衡量企业经营成果的一个概念。什么叫经营？对于制造业企业来说，所谓经营就是供产销，就是买东西、造东西、卖东西。这个过程就叫经营。对个人来说，经营就是劳动。尽管经营要不间断地进行，但账必须每隔一段时间算一次。因此，利润就是企业某一段时间的劳动成果。

劳动成果是一个投入、产出的概念。假如企业的业务性质比较简单，投入就是花费、费用，产出就是收益、收入。那么，什么叫收入、什么叫费用呢？对于业务性质比较单一的企业，比如说个体户，这个问题非常简单。**个体户都是一手交钱，一手交货。卖了东西叫收入，花出去的钱叫费用。**一里一外、一加一减就可以算出利润，利润的核算相对来说容易。但对于一个企业，即便是业务性质非常简单的企业来说，这个问题也不是那么简单。

先来说收入。会计上，对于什么是收入，标出了一条界线：只要签了合同，把货发出去了，履行了卖方的义务，无论收没收到货款，都叫收入。用会计术语表达就是，利润是建立在权责发生制基础之上的。

费用的界定则要复杂一些。为什么呢？这是由企业运营的特点决定的。做企业有点类似农民种地：春天播种，秋天收获，前期的投入影响后期的产出，并且这个周期比较长。在早期阶段，投入一定大于产出。在后期阶段，产出应该大于投入。如果投入、产出完全按段核算，后期效益肯定高于前期效益。但如果没有前期的低效益，就没有后期的高效益。所以前期的一部分投入，必须要由后期的一部分收入来分摊，才谈得上合理。

这个道理在会计上也是一样。花了的钱都作为费用，计入当期损益吗？这肯定非常不合理。因为它不能反映当期的经营情况。花了的钱都叫支出，这固然不错，但不是所有的支出应该计入当期费用。在会计学上，把支出按性质分为资本性支出、收益性支出。有的支出影响及受益均超出当期，有的支出影响及受益仅及于当期。前者就叫资本性支出，后者就叫收益性支出。

比如说，去年你工资收入是10万元，今年你工资收入也是10万元，但花20万买了一辆车。按照总收入减去总支出的口径核算，今年的利润肯定比去年低。但这样很不合理。因为买了车你是可以长期使用的，它的受益期远不止一年。不能因为你今年买了辆车，今年的结余没有去年多，就说你今年没有好好工作啊？！购车是资本性支出，不能全部算作费用。 所以划分资本性支出和收益性支出是非常必要的。

其实，不光经营活动可以给企业带来收益，非经营活动也可以给企业带来收益。于是，利润把非经营活动的收益也包括了进来。非经营利润主要包括两大部分：一是投资收益，二是营业外收支净额。经营利润就是企业自己干活儿挣的钱。投资收益就是把钱放到别人那里，别人帮我们挣的钱。一些非常规事项也有可能给企业带来一些收益，叫营业外收支净额。

农民种玉米、种小麦，卖玉米、卖小麦有收入，这个叫主营业务收入。但你不能阻止他在田边地头捡到一只兔子，也不能防止一出家门被狗咬一口。捡到兔子可以卖钱，被狗咬着要花钱治疗，一里一外叫营业外收支净额。

关于利润，经济学家还有经济学家的说法。经济学家觉得，利润应该是总收入和总成本之间的差额，你财务没有考虑权益资本的成本。银行的贷款由利息弥补，原材料及员工的成本由各项费用弥补，所有者自己的钱由什么弥补呢？！即便假定利润是对所有者的回报，但也没有考虑它的成本啊！天下没有免费的午餐，哪怕是自己的钱也是有成本的啊！

比如，你拿100万元投资一个项目，年底挣了12万元。从会计的角度来说，你挣了12万元。但这只是会计利润，它没有考虑你自有资金的成本。因为你可以把钱投在这个项目，也可以投到其他项目，实在不行也可以买国库券或存银行。各项投资都会有收益的。这些收益平均下来就叫资金成本。假如资金成本是15万元，尽管你会计利润是12万元，但按经济利润的口径来匡算，你则是亏了 3 万元。不但没有挣钱，而且亏钱了。这就是经济利润和会计利润的差别。

这么说起来，利润也不难理解。但在会计实务中，利润要远比我以上所说复杂得多。

人们日常的说法，以及书本上的名词，有两种类型：一种叫概念（Concept），另一种叫构念（Construct）。概念一般都有一个客观的存在物与之相对应，比如现金、存货、资产等。概念所指代的都是看得见、摸得着的东西。构念则是人们大脑建造、想象出来的，它指代的东西看不见、摸不着，并且没有一个实实在在的东西与之相对应，比如说文化、战略等。

利润正是这样一个构念。固然利润等于收入减费用，但哪些算作收入，以及算不算收入、算多少收入，哪些算作费用，以及算不算费用、算多少费用，国家会计准则和制度不可能一一做出详尽的规定。利润是会计人员帮你算出来的。如何算，既取决于当事人的判断、理解，也取决于特定场景的需要。一句话，利润是相对而不是绝对的。

二、挣的钱都到哪儿去了

还有一个令企业领导感到非常困惑的问题,我一年到头没少忙活啊,也挣了不少钱啊,怎么就是不见钱啊?!我挣的钱都到哪儿去了?

或者是,你问一个企业领导,今年你挣钱了吗?他会打开账本让你看看,利润表上显示挣了不少钱。你再问他:"你挣的钱都到哪里去了?"他则说:"我也不知道啊!"

有人做了一副对联形容这种企业:打开账本黄金铺地,合上账本镚子皆无!我们都知道,镚子就是硬币的意思。明明利润表显示挣了很多钱,怎么可能一分钱没有呢?!

要说清楚这个问题,就要从根本开始。

企业卖了东西叫收入,但收入这个钱不能直接往企业领导腰包里揣。因为它不是劳动成果,还不能归企业领导享有。必须把各种成本、费用弥补掉,还得上交完各种税金，才能叫利润。

首先，要交纳各种税金。企业开展生产经营活动，就有依法纳税的义务。企业应缴的各种税费主要包括增值税、营业税、消费税及关税及两项附加费用。增值税主要针对商品增值额部分所征的税。营业税是对商品全部价款征收的一种税。如果说增值税是一种差价税，营业税则是一种全价税。这一部分是国家要的，你必须得交，不以企业的意志为转移。

其次，要抵补各项成本和费用。不然，企业的再生产就无法顺利进行。"巧妇难为无米之炊"，要生产各种产品得用原材料，企业要把直接材料这一部分抵补上。要把产品生产出来，必然得有工人，企业也要把直接人工费用抵补上。围绕生产的进行，必然还会发生一些间接费用，这在会计上叫制造费用。企业必须也得把它抵补上。直接材料、直接人工、制造费用，这三项构成生产成本的主要组成部分。

把产品生产出来还不是企业最终的目的，还必须把产品推向市场。在这期间也会发生各种费用，这些费用加到一起叫经营成本。经营成本主要包括三项：销售费用、管理费用和财务费用。要卖东西得招业务人员，得打广告，这类支出叫销售费用。为了维持正常运转，企业必然要有一些专门的管理人员，开展各种管理活动，也必然要花钱。这类支出叫管理费用。另外，企业在经营过程中需要筹集资金，与之相关，会发生一些诸如手续费、利息支出的费用。这类费用统称财务费用。

扣除应交税金及附加、生产成本、经营成本以后，营业收入就变成了另外一个会计科目，叫税前利润。企业挣的钱并不能完全归自己支配，国家首先要抽一部分，这个项目叫企业所得税。扣除所得税的利润才构成企业的净利润。

在此基础上，要提取10%的法定盈余公积金，提取一定比例的任意盈余公积金，然后才是可以向投资者分配的利润。支付给投资者红利以后的净利润，叫未分配利润。

未分配利润属于所有者权益。所有者权益是一项声索权，是对企业现有资产的要求权。它是一项权利，而不是一个实物。企业挣的钱到哪里去了？已经转化和体现在企业所有的资产当中了。这些资产主要包括存货、应收账款，也包括一些小部分的现金。企业所挣的钱都让这些东西给占了。

企业挣了钱,但为什么手头又没钱呢?第一,你的利润本来就不实,有很多水分。你把东西卖出去了,但钱没有要回来。所以你挣的不是钱,而是一堆"账"!第二,你挣的钱让资产占去了。

三、挣的钱可以随便花吗

企业挣的钱,可以随便花吗?

肯定不行。

首先,国家法律有规定,企业挣的钱不可以分净吃光。企业实现利润,交纳所得税后,一般要按照下列顺序进行分配:

其次,你得支付各项罚没款。这类支出不能在税前列支。如果允许列支,就等于企业违规受罚时,国家"陪你受罚"。

再次,你可以弥补企业以前年度的亏损。以前年度亏损未弥补前,不能向投资者分配利润。

最后,你要提取公积金。我国《公司法》规定,

"公司分配当年税后利润时,应当提取利润的百分之十列入公司法定公积金。"什么叫公积金?公积金是指企业公共积累的资金,它本质是一种储备资金。既可以用于扩大企业再生产,也可以预防意外的风险。

公司从税后利润中提取法定公积金后,还可以从税后利润中提取任意公积金。公司弥补亏损和提取公积金后所余税后利润,才可以依照《公司法》的规定分配。

再进一步追问,即便没有法律规定,企业挣的钱自己就可以随便花吗?

一笔资金,"能不能花"取决于"该不该花""该怎么花"。一笔资金"该不该花""该怎么花",则牵扯到对这项资金性质、功能和用途的认识。管理大师彼得·德鲁克对利润的性质和功能有着非常深刻的认识,他的观点对我们具有十分重要的指导意义。

利润的本质是什么呢?利润的本质有两点:

首先,权益资本的成本。**按照经济学的说法,土地、劳动力和资本构成基本的生产要素。我们也知道,天下没有可以免费使用的资源,或者如老百姓所说,天下没有免费的午餐。如果说土地的成本是租金,劳动力的成本是工资,那么资本的成本就是利润。**

所有者自己的钱就可以免费使用吗？当然不可以。权益资本也是有成本的。权益资本的成本就是利润。所以现代公司理财上有一个观念，叫 OPM（Other People's Money）理论。什么意思？就是自己的钱也要当别人的钱来花。企业不能赚取利润，与不能支付工资和原材料费用，本质上没有什么区别。

其次，承担风险的报酬。市场经济的基本游戏规则是，谁承担风险，谁拥有经济剩余。企业经营充满风险和不确定性，利润是企业应对这种风险的报酬。

有一个工程师追问公司总裁："为什么累死的是我，成为首富的却是你？"总裁说："30 年前我创建公司，是赌上全部家当，不成功便成仁。而你寄出履历表后就来我们公司上班，而且随时可以走人。我们两人工作的性质不一样！"企业家承担了创业的风险，所以他有拿走利润的资格！

企业赚取的利润该怎么用，也就是利润的功能和用途是什么呢？

利润的功能和用途有三点：

第一，检验企业经营绩效。

利润是企业经营的结果，也是一个时间段内经营情况的综合反映。它如同电脑的显示器、汽车的指示灯一样，反映企业总体运营情况，指示下一步努力的方向。只有赚取了足够的利润，才能证明目前的政策是正确的，才能证明自身有存在的价值。假如没有赚取足够的利润，说明企业经营上存在一定程度的问题，经营有调整的必要。

第二，防范未来经营风险。

从文字结构分析，未来的"未"，一木加一横。"木是树，一横是未开的蕾。"春天种，秋天不一定能收。夏天开花，秋天不一定结果。环境充满了不确定性。这种东西也构成企业经营的风险。这种风险带有必然性。

针对这种风险，企业必须储备一定量的资金以防不测。像苹果、谷歌、微软等世界级公司都拥有上千亿美金的现金储备。这些资金的收益率都很低。他们缺投资机会吗？也不完全是。其主要意图之一，就是防备未来不测事件的发生。

第三，保障未来资金供应。

经营是"一盘永远下不完的棋"，企业也需要不断发展。企业要进一步发展，就必然要有更多的资源和机会。这些机会和资源从哪里来？机会从环境中来，资源靠自己积累。利润是昨天经营的结果，也是明天发展的基础。利润是企业未来资本的重要来源。

因此，利润既是企业的权益资金成本、投资风险报酬，也是未来的风险准备资金、发展储备资金。尽管以上几个方面在很大程度上是相互重叠的，但是我们一定要认识到利润的这些特性和功能。利润只有满足以上用途之后，才能谈得上让投资者分享和消费。

德鲁克说："根本没有'利润'这回事，只有'经营事业的成本（Costs of being in business）**'和'继续维持事业的成本**（Costs of staying in business）**'。"**

他所说"经营事业的成本"，是指所有者权益资本的成本，"继续维持事业的成本"，则是指企业发展、创新和未来扩大再生产的资本。**不难看出，利润貌似是对所**

有者投资的回报，实际上是权益资本的成本，是企业的风险准备资金和发展储备资金。这才是利润的实质！

其实，如果把利润放到一个更长的时间维度去审视，这里的道理也就不难理解。站在今天，回望昨天，利润是企业昨天经营的成果和结果；站在今天，展望未来，利润又是明天继续经营的前提和基础。因此，除非企业明天不再经营了，利润是不可以分净吃光的。

打一个通俗的比方，利润如同老百姓种庄稼收的粮食。收了庄稼，你总不能都分净吃光吧?! 总要留一部分做种子，留一部分做储备粮。这是必然的。为什么呢？过日子的需要。为什么要留种子？来年再种，扩大再生产。为什么要留储备粮？以丰年补欠年！今年风调雨顺，你吃香的、喝辣的。明年风不调雨不顺，小虫子也来作梗，你怎么过日子?!

综上所述，企业挣的钱是不可以随便花的，除非你想关门不干了。这似乎是一个常识性的结论，但经营企业真的没有违背常识吗?!

四、利润水平越高越好吗

企业利润水平越高越好吗？

其实，只要认清以下事实，这个问题是不辩自明的！

第一，是不是盈利就一定是好事，亏损就一定是坏事？

先来对事实做如下区分：**盈利有好的盈利和坏的盈利之分，亏损也有好的亏损和坏的亏损之分**。接着，就不难得出如下结论：**盈利不一定是好事，亏损也不一定是坏事**。事实是不是这样呢？

有没有坏的盈利呢？肯定有！比如说通过制造应收款来制造盈利，通过制造存货来制造盈利，通过制造炒卖来制造盈利，这是非常多的。有没有好的亏损呢？当然有！这些年来，不少互联网企业一直在赔钱，但投资人就是看好他的未来，所以心甘情愿地让他"烧钱"。这样的例子多了！赚了钱，但丧失了发展的先机。赔了钱，但赚了口碑和信誉。类似的例子也很多！

2007年，作为当时国内规模最大也最被看好的B2C

电商，红孩子的销售额就已经冲到 6 亿元，并保持盈利到 2010 年。而当时京东商城的销售额只有 3.6 亿元，而且直到今天一直没有盈利的记录。2012 年 9 月，红孩子被迫卖给苏宁。京东商城则早已跻身中国电商第一梯队行列。刘强东说，如果京东赚钱的话，将会是一件糟糕的事。由此可见，盈利并不是每一家企业的主导逻辑，至少在企业发展的某些阶段是这样。

第二，是不是利润越多就越好，利润水平越高就越好？

毫无疑问，逐利是资本的本性，任何企业都想赚取更多的利润。尽管有些时候，心有余而力不足。但假如能做得到，是不是利润水平越高就越好呢？肯定不是。这个时候，"节制"一词就派上了用场。

如果对利润不加节制，有可能恶化产业生态。所有的行业都是一个链条，企业是这个链条上的一个环节。在行业总价值一定的情况下，企业所在环节攫取利润过多，往往意味着挤压别人生存空间。行业链条上的企业一荣俱荣，一损俱损，如果别人发展不顺畅，自身最终也会受到影响。

还有可能激化行业目前的竞争。你家挣钱很多，别

人会眼红。一个项目利润过高，会招惹更多资本进入，迅速把超额利润扯平。 二十多年前，万科提出利润超过25%的事情不做，就是这个意思。利润超过社会平均利润率，会激化行业目前的竞争。

甚至有可能损害企业的发展潜力。**利润是衡量企业短期绩效的重要指标。如果过于强调短期绩效，肯定会影响企业的长期发展。** 比如，有可能忽视产品结构的调整，机器设备的更新，研发费用的投入，品牌形象的塑造，等等。长此以往，会加大企业风险，损害企业发展后劲。企业经营是一场马拉松赛，不能用参加百米赛的劲头去参赛。发展要张弛有度，不能一味地高歌猛进。

利润水平不是越高越好，当然也不是越低越好，到底多高为好呢？

对于这个问题，德鲁克说得非常好，要进行必要的利润规划。他说，提"利润最大化"这样的陈词滥调没有任何意义，企业应该追求"必要的最低利润"。

什么是必要的最低利润呢？

它是一种目标利润或预期利润。这个东西非常重要，因为它是企业编制预算和开展下一步工作的基础。它是企业应该努力达到的底线，而不是努力争取的上限。

合理的底线应该是这样一个收益率，即企业在目前融资方式下从资本市场上获取资金的利率。这个东西实质上就是企业的资本成本。只有弥补资金成本，才谈得上创造价值。只有创造价值，才可能继续从资本市场获得资金。只有达到这个利润率，企业才能源源不断地获得社会资源掊注。否则，企业的发展将会是无源之水、无本之木。说白了，不赚钱的企业，谁会给你投钱？又进一步，没人投钱的企业，怎么可能得到发展？

具体到操作环节，合理利润率的确定，还要考虑两个因素：一是资金时间价值，二是市场景气因素。明天的一块钱和今天的一块钱，等额不等值，换算的时候要折算一下。确定目标利润率时也必须把这个因素考虑进去。另外，不同年份经济形势不一样，预期利润率要在合理利润率的基础上适当上下浮动。

尽管反对利润最大化，但这并不是说企业目前挣钱多了。恰恰相反，很多企业挣的远远不够，远远没有达到必要的最低利润这个标准。占用了社会的资源，却没有为社会创造价值，其实是在拖社会的后腿。从这个意义上说，"企业不赚钱就是犯罪"。

五、经营要以利润为中心吗

不懂会计和管理的人，往往不了解这样一个基本的事实：

增加企业利润是一件非常容易的事情！

为什么这么说呢？

首先，会计手法可以增加企业利润。

利润作为企业经营成果，如同人的"脸面"。脸上有瑕疵、污点，可以化化妆掩饰一下。企业经营不理想，也可以也可以通过会计手法粉饰一下。会计上有一个专门的说法，叫"创造性会计（Creative Accounting）"。什么叫创造性会计？就是给企业涂脂抹粉的会计。

潮起潮落，起起伏伏，有赚有赔，本来是做生意的常态。但在关键的时候，你要有表现，要有利润。怎么办？包装一下，打扮一番。这正是创造性会计的作用。

它可以把生意兴旺年份的利润,转移到亏损的年份。这样做的结果呢,公司永远呈现欣欣向荣的景象,永远呈现稳定发展的态势。事实真是这样吗?未必。

创造性会计早已成上市公司的标准动作。**手法很多,花样翻新,层出不穷,非专业人士是永远弄不明白的。但你左手倒右手,拆东墙补西墙,是任谁也糊弄不了的。**这种做法会误导他人,但并不违背国家法律。因此,会计所言的利润,本来就是一个假象、幻象。经常有人拿它唬别人,你非得拿它骗自己,相信也不会有人反对。

其次,管理手法也可以增加企业利润。

比如说,可以通过减少研发费用,达到增加利润的目的。微软公司一年的研发费用70亿美元,假如砍掉这些费用,立马可以增加70亿美元的利润。再比如说,可以通过降低信用标准,达到增加利润的目的。信用标准降低,销售收入增加,利润自然增加。再比如说,可以通过多负债、多投资,来增加公司的利润。投资规模加大,尽管回报率不一定提高,但利润总额肯定会增加。

从会计角度看,利润确实增加了。但后果呢?后果很严重。损害企业的竞争力和发展后劲,还可能把企业推向万劫不复的深渊。**因此，利润最大化是一种妄念。**什么叫妄念？本不可能实现，硬要去做。硬要去做的结果是什么呢？肯定是伤害自己。

利润是非常流行的一个会计指标，也是非常重要的一个会计指标，但它是用来衡量企业短期绩效的。如果你非得强调它高于一切，那肯定也是不合适的。

总之，企业经营不能以利润为中心。

如果企业不以利润为中心，又该以什么为中心呢？

这个问题很复杂。不同的人站在不同的角度，也会有不同的说法。

从战略角度说，企业应该以使命为中心。使命是什么？使命不是漂亮的口号。使命就是企业要干的"事儿"。事儿干好了，才会有钱可赚。

俗话说，吃饭是为了活着，活着不是为了吃饭。活着不是为了吃饭，那是为了什么？活着是为了做事！事情做好了，才能有饭吃，才能吃上更好的饭。企业也一样。经营是为了履行使命，而不是为了赚取利润。只有履行使命，更好地服务社会，才能赚到更多的利润。

从财务角度说，企业应该以价值为中心。**价值是什么？有价值就是值钱，价值就是值多少钱。如果说利润是挣钱，价值就是值钱。只要企业值钱，就不愁没有挣钱的那一天。不值钱，又怎么可能挣钱呢？！**

值钱和挣钱有什么区别？值钱和挣钱哪个更重要呢？我们用两个小故事说明一下。

《穷爸爸富爸爸》一书里讲过这样一个故事。

一个村庄没有水，村主任就委托两个年轻人，给这个村庄供水，村民向他们支付费用。

第一个年轻人艾德，马上买了两只大桶，每日奔波于10里以外的湖泊和村庄之间。艾德立即就赚到了钱。

另一个人叫比尔，自从签订合同后，他就消失了。半年后，比尔带着一个施工队和一笔投资回到了村庄。过去的半年时间里，他做了商业计划，找到了投资，注册了公司，并雇用了项目施工管理的专业人员。之后，又花了一年多的时间，比尔修建了一套从湖泊通往村庄的供水管道系统。

清水从水龙头中涌出的那个瞬间，艾德的生意被摧毁了。他只赚了一年半的钱。

艾德所做的就是挣钱的事，比尔做的就是值钱的事。

整天忙于做挣钱的事，挣的钱一定长不了！努力打造挣钱的系统，努力做值钱的事，才可以长长久久地挣钱。彼得·德鲁克说得好："那些仅仅把眼光停留在利润上的企业，总有一天是没有利润可赚的！"

另一个是《伊索寓言》里讲过的一个小故事。

一天早晨，一位农夫发现自家的鹅窝中有一只金灿灿的蛋。他将蛋带回家，惊喜地发现这是一个金蛋。此后，农夫每天都能得到一个金蛋。从此，他靠卖他的金蛋变得富有起来。

农夫变得越来越贪婪，他想一下子得到鹅肚子中所有的金蛋。于是，他杀死了鹅，但是，鹅肚子中什么也没有。

当然，在中国也有类似的说法，就是杀鸡取卵。

美国财务学者希金斯说："除非一个企业将要破产，否则其价值取决于该企业未来创造的收益流，而其拥有的资产并没有什么意义，它们只是创造收益流的必要条件之一。没有任何资产，却能创造收益流的企业是最好的企业。"

企业不是一堆资产的堆积，它是一个有机体，可以源源不断地带来现金流。这才是企业的本质。就这一点而言，企业就是中国的"鸡"或西方的"鹅"，利润就是鸡下的"卵"或"鹅"下的"金蛋"。

如果企业整天盯着鸡或鹅下的蛋，那就是"以利润为中心"的经营。如果企业整天盯着下的蛋的鸡或鹅，那就是"以价值为中心"的经营。如果每天盯着鸡或鹅下的蛋，难免要做出杀鸡取卵的举动。如果每天盯着下蛋的鸡或鹅，坚持把鸡或鹅养得好好的，才有可能吃到更多的蛋。这就是挣钱和值钱的区别，也是"以利润为中心"和"以价值为中心"的区别。

在发达的资本市场上，企业既可以卖鸡挣钱，也可以卖蛋挣钱，经营变现的方式有很多。在中国，资本市场不够发达，企业主要靠卖蛋挣钱。只此一种经营变现方式，有时候难免心急，做出杀鸡取卵的举动。但管理者必须认识到，这是不对的。

附记：读书为文非为人

以前总认为，写书、写文章是把成果奉献给社会，是为别人好。等自己写完第一本、第二本书以后，发现并不是如此。写书、写文章，第一受益人、最大的受益人还是作者本人。

王家骢老师是管理圈里非常勤奋的写手，差不多日更一文，令我非常感佩！有一次，笔者问他："你写这个东西，有人看吗？"他说："管他呢！不写出来，是我的损失！写出来不看，是他的损失！"

这句话给笔者很大的启发和鼓励。读书，写文章，首先是为了自己！努力了，有收获，不把它表达出来，分享出去，不是自己的损失吗?!写书、写文章，首先是为了自己！每当想到这里，笔者就会感到有源源不断的动力。

关于利润，企业人有很多的困惑，似是而非的观点也很多。因为这些问题貌似简单、实则复杂，因为它涉及会计、财务、管理、金融、法律等很多学科。缺乏这些学科的知识，对利润的认识就会像盲人摸象一样，非常片面，非常盲目。带着这样偏颇的观念去经营企业，也非常容易走向盲人瞎马的险境！

"利润"这个东西，翻来覆去好多年了，也讲过好多次了，自以为搞得比较清楚了。真动笔写，还真不容易！于是，重读经典著作，重读法律条文，重新梳理思路，重新组织素材。一番折腾，终于完成。这个过程收获还真不少！

这样的话题，这样的文章，读者不会没有，但会非常少！本来就是只有少数人才关注的事情吗！还是那句话，读书是为了自己，写文章也是为了自己，不是为了让别人说好，更不是为了别人的赞赏。为了什么呢？为了使自己头脑更清楚，做事更顺畅！这还不够吗？！

刚写完本文初稿，脑袋里冒出一句话：利润是一种错觉和假象，想赚取最大的利润则是一种妄念。本想把这句话作为本文的结语，但觉得有点突兀，还是把它删了。

"管理学研究到尽头是哲学。"从实务层面入手，对一个重要的管理问题进行跨学科的梳理，最后得出一个接近于哲学观点的结论，有什么不可以吗？！

彼得·德鲁克曾言，根本没有利润这回事，世人所认为的利润，只是真实成本。又专门写有《利润的妄想》一文。笔者这里说，"世上本没有利润"，当不为过。

第 10 篇

投资大师巴菲特的过人之处

乔布斯说："我对做过的事情感到自豪，但我对决定不做的事情同样感到自豪。"巴菲特琢磨什么很重要，巴菲特不琢磨什么同样也很重要！巴菲特做什么很重要，巴菲特不做什么同样也很重要！巴菲特到底不琢磨什么、不做什么才成就了今日的他？

一、大师境界，无人企及

在中国，经常用"空前绝后"一词，形容一个人成就非凡。在投资领域，假如有人配得上这一说法，那他一定非沃伦·巴菲特莫属。巴菲特 1956 年成立合伙公司,他象征性地投资 100 美元,开始自己的投资生涯,创造了前无古人的辉煌业绩。

1965 年,巴菲特获得伯克希尔·哈撒韦公司控股权,并把它改造成一家投资控股公司。2008 年,巴菲特个人净资产达 628 亿美元,一度成为世界首富。据分析,在 1965—2008 年 44 年间,巴菲特的投资业绩翻了 3600 多倍。

2016 年,巴菲特的伯克希尔·哈撒韦公司表现不俗,股价达到 24 万美元一股的历史最高位,成为美国市值最高的公司之一。最新数据显示,伯克希尔·哈撒韦公司市值达 4044.24 亿美元,仅次于苹果、谷歌的母公司 Alphabet 以及微软。

让人想象不到的是,这么庞大的一笔资产,竟然只有很少的几十个人在管理。**伯克希尔·哈撒韦公司总部只有 25 个人,巴菲特甚至没有自己的保镖和司机。他们没有自己的办公楼,只是租了别人的半层楼办公。巴菲特的办公室也只有 16 平方米。**巴菲特说:"我在这座大楼里办公已经有 50 年了。我非常喜爱这座大楼和大楼的业主。他们特别给我优惠的租金。我在这里非常开心。"

巴菲特 1930 年 8 月 30 日出生于美国奥马哈市。2017 年他 87 岁了，已走向人生的暮年。2012 年 4 月 17 日，巴菲特对外宣布自己患上了前列腺癌。他一直非常乐观，精神和气色都很不错。

巴菲特不但非常会赚钱，也非常招人喜欢。他总是妙语如珠，所到之处总是欢声笑语。**美国人称他为"除了父亲之外最值得尊敬的男人"。**

中国武侠小说中，武林高手摘花飞叶即可伤人。这是武术的最高境界。巴菲特没费多大劲，也没用多少人，就取得如此卓著的业绩，大概就是所谓投资大师的境界吧。

二、大巧在所不为，大智在所不虑

世人皆称巴菲特为"股神"，他怎么做呢？有人把它总结为八个字：价值投资，长期持有。

巴菲特说："如果你没有持有一种股票 10 年的准备，那么连 10 分钟都不要持有。"巴菲特还说："我从不打算在买入股票的次日就赚钱，我买入股票时，总是会先假设明天交易所就会关门，5 年之后才又重新打开，恢复交易。"

回顾一下巴菲特经典的投资案例，持股时间均在 15 年以上。在中国，曾流行"四大傻"的说法，其中一傻就是"炒股炒成股东"。长期持有某种股票，是一种非常愚蠢的行为。

为什么巴菲特不炒股？因为他认为，预测股价短期波动是一件不可能的事情。证券分析之父格雷厄姆，是巴菲特的老师。他曾说："如果说我在华尔街 60 多年的经验中发现过什么的话，那就是没有人能成功地预测股市变化。"巴菲特谨记他老师的教诲。

巴菲特也有一句名言："要预测一只股票能涨到什么价位，就像预测一只鸟，它落在一个树枝上，然后你预测它什么时候从这支树枝上飞起来，然后什么时候会落到另外一个树枝上一样难，完全是随机的，这是太不靠谱的事儿了，所以没有人能预测股价。"

既然预测股价是不靠谱儿的事，那什么是靠谱儿的呢？安全边际！所谓安全边际，就是股价低于价值的程度。格雷厄姆说："我把投资成功、永不亏损的秘密精练成四个字的座右铭——安全边际。"巴菲特的投资哲学就在于，利用市场的错误，在价格低于价值的时候买进并长期持有那些有价值的股票，而不理会市场的波动。

伯克希尔·哈撒韦公司是一家上市公司，更是一家工业综合体企业，但它本质上是一家投资基金公司。不理解这一点，就很难理解巴菲特的投资智慧。

就业务流程而言，投资基金公司一般包括募、投、管、退等几个环节。毫无疑问，伯克希尔·哈撒韦公司之所以在江湖上扬名立万，肯定是他在每一个业务环节都占尽了优势。按照一般的逻辑，企业在每一个业务环节都很优秀，一定会耗去企业负责人很多的精力、心血，占用很多的人力、物力才能达成。

但逻辑到巴菲特这里似乎转了一个弯：掌控4000多亿美金的资产，只用了25个人，并且他自己从来都是显得那么从容，给人以"韩信用兵、多多益善"的感觉。

巴菲特是怎么做的呢？他做了哪些事、舍了哪些事呢？

伯克希尔·哈撒韦公司的总部中都是些什么人呢？

有资料显示，这个团队中主要包括巴菲特和他的合作伙伴查理·芒格，CFO 马克哈姆·伯格，巴菲特的助手兼秘书格拉迪丝·凯泽，投资助理比尔·斯科特，此外还有两名秘书、一名接待员、三名会计师、一个股票经纪人、一个财务主管以及保险经理。

与一般公司相比，伯克希尔·哈撒韦没有律师，没有战略规划师，没有公共关系部门或是人事部门，也没有门卫、司机等后勤人员。它也不像其他现代金融企业一样，拥有一排排坐在计算机前的金融分析师。

这些人整天忙些什么事呢？

据查理·芒格表述：**一是管理所有的证券投资业务，它们通常属于伯克希尔的灾害保险公司；二是负责选择所有重要子公司的 CEO 以及他们的继任者；三是负责撰写年度报告中的重要材料和其他重要文件；四是负责寻找潜在的收购目标；五是调配现金和贷款。**

伯克希尔·哈撒韦公司既没有我们通常所说的事业部，也没有所谓的职能部门。为什么这么做？因为他不打算干预投资控股企业的日常经营管理活动。巴菲特仅将资金调配、投资、重要的人事任命、寻找潜在的收购目标和年度报告的撰写等最核心的工作集中于总部。这也是他公司总部人员少的主要原因。

投资说白了，就两件事，一个是投，一个是管。投资不同于经营，不用整天忙活，投资比拼的是智慧。除了投，就是管，投后的管理也是非常让人费心的一件事儿。管得多了，可能弄巧成拙；管得少了，可能失去控制。巴菲特的做法其实是不管。那么，他又是如何做到不管的呢？

第一，收购全部股权。

2013年，重庆复合材料的企业领导吴明寻求巴菲特公司的投资。吴明问巴菲特是否可以与他合作。三个月后，巴菲特给吴明的回复是，如果重庆复合材料愿意把自己整体卖掉，这种可能性是有的。这件小事体现了巴菲特的投资风格。

**巴菲特接管伯克希尔的早期，专注于公开上市股票的长期投资，逐渐转为企业全部股权的收购。百分之百控股有什么好处呢？自己拥有绝对的控制权，如何经营管理自己说了算，彻底消除了与人发生纠纷的隐患。没有分歧、争议，一切尽在掌握，省去不少心思和精力。

第二，放手让人经营。

巴菲特投后管理风格的形成也有一个过程。在伯克希尔·哈撒韦最初开始收购的时候，巴菲特喜欢参与子公司的管理，但他很快就认识到这并不是他的长项。他常说，一个人其实并不需要样样精通，但关键是要了解自己。

巴菲特对自己的缺陷有自知之明，因此在管理上他会给经营者搭好舞台，但是不会跑到台上去表演。对于自己控股的公司，巴菲特基本上让他们独自经营。他的管理技巧，就是找到一些像他一样不知疲倦地工作的完美主义者，然后就放任自流。

巴菲特对投资的认识非常深刻。他说："买股票就是买企业，买企业就是买经营者。"他还说："因为我把自己当成是企业的经营者，所以我能成为优秀的投资者；因为我把自己当成投资者，所以我能成为优秀的企业经营者。"

巴菲特看人非常准，他也非常信任自己选中的企业家。中国人常说，用人不疑，疑人不用。巴菲特一旦选中某家企业，就让这家企业的当家人放手去经营。这又省去巴菲特不少心思和精力。

其实，不光赚钱需要智慧、花时间、花心思，花钱也需要智慧，也会牵扯精力。巴菲特怎么做的呢？他的做法是自己尽量不花钱。巴菲特信奉简单、传统、节俭的人生信条，他个人消费很少。他一套房子一住就是几十年，钱再多也是12美元理一次发，奢侈浪费与他无缘。

他不但自己消费很少，投资赚钱的大头也是交给别人打理。2006年6月，巴菲特拿出了自己85%的财富约合380亿美元，捐给了比尔和梅琳达·盖茨基金会。巴菲特的逻辑是，别人有一个现成的团队，还有一套行之有效的模式，自己为何还要亲自去做呢?！即便是花钱这样的事儿。

巴菲特说："**我所想要的并非是金钱。我觉得赚钱并看着它慢慢增多是一件有意思的事。投资对于我来说，既是一种运动，也是一种娱乐。**"他认为自己最擅长做的事情，就是"思考和挣钱"。巴菲特把他的全部精力和心思都用在了自己喜欢做和擅长做的事情上。

苹果公司创始人史蒂夫·乔布斯说："**我对做过的事**

情感到自豪，但我对决定不做的事情同样感到自豪。"智者的共性是，应该慷慨的地方，绝不吝啬！应该吝啬的地方，决不慷慨！特别是关于时间和精力的分配。

《荀子·天论》："大巧在所不为，大智在所不虑。"最高明的技巧，不在于做什么，而在于不做什么；最高超的智慧，不在于琢磨什么，而在于不琢磨什么。一个人最宝贵的资源就是精力和心思，把心思和能量用在自己最喜欢和最擅长的事情上，把自己不擅长做、不喜欢做的事情想方设法回避掉，成功的概率自然就会提高不少。

巴菲特认为什么是自己不该费心的？短期股价的波动！巴菲特把什么当作自己不该做的？企业日常的经营管理。这两个东西巴菲特基本上不碰。他把主要的精力都用在了投资分析上，用在了选企业和管理者上。这是他喜欢做的事情，也是他擅长做的事情。

我们每个人都在追求成功，同时也还想轻松、快乐。很多人认定，这二者难以兼得，但巴菲特确实做到了！

什么是最高智慧？这大概就是所谓最高智慧吧！

三、财富尽在人性当中

巴菲特的过人之处,还表现在他对人性的深刻洞察上。

巴菲特时刻提醒自己,搞投资不能忘记人性。他在自己的桌子上放了一块牌子,上面引用了罗素和爱因斯坦联合发表的《反核宣言》中的一句话:"记住人性,忘记其他!"

巴菲特曾经讲过这样一个故事表达他对人性的理解。

有一个石油勘探商,死后到了天堂。上帝说,"我核对过你的情况,你符合所有条件,不过有一个问题。"他说,"我们这里有严格的居住区法律规定,我们让所有石油勘探商待在那一片。你也看到了,已经完全满了,没有你的位置了。"

这位石油勘探商说,"你不介意我说句话吧?"上帝说,"不介意。"于是,石油勘探商把手拢在嘴边。大声叫道:"地狱里有石油。"结果可想而知,笼子的锁开了,所有的石油勘探商们开始直往下冲。

上帝说:"这真是一招妙计,那么,你进去吧,就跟在家一样,这片地儿都归你了。"这位石油勘探商停了一会儿,然后说:"不,我想我还是跟他们一起吧。毕竟,空穴不来风啊。"

人性有两大特点,一个是贪婪,一个是跟风。巴菲特这个故事恰好说明了这一点。人性的这些特点在资本市场表现得尤其突出。正如华尔街所说,资本市场是由贪婪和恐惧两种力量推动前行的。

巴菲特有一段话描述资本市场的这一特点。他说:**"恐惧和贪婪这两种传染性极强的流行病的突然爆发,在投资世界永远会一再出现。这些流行病的发生时间却难以预料。由它们引起的市场价格与价值的严重偏离,无论是持续时间还是偏离程度也同样难以预测。"**

巴菲特还说:"我们也会有恐惧和贪婪,只不过在别人贪婪的时候我们恐惧,在别人恐惧的时候我们贪婪。"我相信,只要有投资和股市,巴菲特的这些话就会永世传承下去,因为它简洁、深刻、闪耀着智慧的光芒!

一位七年级的小朋友问巴菲特:"你如何交朋友?让

人喜欢你，并和你一起工作？"他的回答是："让人和你合作，你应该变得更懂人情世故；让人喜欢你，你首先要喜欢人家，写下三四点你喜欢他们的地方。"

这件小事很有趣、很好玩，似乎也可以刷新我们对大师的刻板认识。大师绝非不食人间烟火，大师深谙人情世故。

巴菲特让我明白一个道理：财富尽在人性当中，投资大师无不是人性大师。

附记：大师的启迪是无穷的

笔者自认为有两个老师，一个是德鲁克，另一个是巴菲特。金庸小说《鹿鼎记》中有一句话：平生不识陈近南，就称英雄也枉然。照着这句话，笔者仿造了一个说辞：平生不识巴菲特，学过投资也白学；平生不识德鲁克，学过管理也白学。

说素不相识的名人是自己的老师，有"拉大旗作虎皮"之嫌，可能被人讥笑。但如何才能学到最好的东西呢？除了跟这个世界上最厉害的人学习，笔者实在想不出更好的办法。笔者觉得,我们要从内心深处亲近这些大师,竭力走进这些大师的内心世界,才能求得"真经"。

事实上,学习德鲁克让笔者受益匪浅,学习巴菲特也让笔者受益匪浅。德鲁克对笔者的启迪主要是管理方面的。巴菲特不仅在投资方面对笔者有启迪,而且在做人做事方面的启迪也非常多。甚至,巴菲特对笔者的启迪比德鲁克还要深远。

第 11 篇

学习巴菲特,做真诚的投资者

按照巴菲特的理论,所有成功和幸福的人,都是"内部记分卡"的使用者。所谓"内部记分卡",就是心里的那杆秤。

一、按"内部记分卡"行事

沃伦·巴菲特的一生既漫长又多彩,既平淡又神奇。因此,说清楚他是一个什么样的人,并不是一件容易的事情。中国有句老话,3岁看大,7岁看老。我们可以透过他早年的言行,来分析他的性格乃至一生。

同所有的孩子一样,巴菲特的父母对他影响非常大。他的父亲曾经做过股票经纪人,他的母亲在数学方面很有天赋。巴菲特对于数字有着超乎常人的敏感,这好像与他母亲的遗传有关。巴菲特的兴趣爱好,从小就与众不同。在别人家的小孩看童话故事的时候,他看的是《赚1000美元的1000种方法》。对财富的渴求,对数字的敏感,是成为投资大师必不可少的条件。这些条件,好像巴菲特很小的时候就具备了。

很多资料都显示,巴菲特小时候做过很多种小生意。比如,他卖过口香糖。3美分进货,5美分卖出,每天卖够20条才回家。再比如,他卖过报纸。每天早上五六点,骑着自行车,装上一筐报纸去卖。巴菲特还说,他最喜欢送报纸这个差事。因为可以规划自己喜欢的路线,用他的话说,"我完全是我自己的雇主啊!"从这些小事,我们可以看出巴菲特与众不同的个性。我相信,这些小事肯定也会影响他对世界的认识。

毫无疑问,这些生活阅历会给巴菲特留下烙印,但这一切并不足以成就一个投资大师。真正成就一个人的是什么呢?是触动灵魂的东西,是让人刻骨铭心的东西。从这方面来说,他的父亲霍华德·巴菲特对他影响最大。

霍华德·巴菲特一生从事过多种职业，但从政是他职业生涯的顶峰。1942年，霍华德代表共和党当选国会议员。他是一个不随波逐流的人。他总是按照自己的原则投票，而从不迎合选民所好，这使他招致很多人的不满。有一次，他们全家回到老家奥马哈市看棒球比赛。比赛间隙，需要介绍到场的名人。当念到"霍华德·巴菲特"的名字时，全场嘘声一片，而他的父亲就站在那里，泰然自若，非常镇定。巴菲特不但不觉得尴尬，反而更加佩服他的父亲了。

　　还有一件事情，令巴菲特终生难忘。1951年，霍华德又一次在竞选中当选国会议员。1952年，共和党人决定支持风头正劲的艾森豪威尔竞选美国总统。然而，霍华德作为共和党党员，却拒绝支持艾森豪威尔。这件事风险极大，搞不好会搭上自己的政治生命。结果，艾森豪威尔当选，霍华德任期结束，辞职回乡。51岁的他回到奥马哈市，最终在离家30英里远的地方找了一份兼职教书的工作。通过这件事，巴菲特又一次见识了父亲特立独行的一面。

　　他的父亲就是这样一个不随波逐流，不见风使舵的人。

巴菲特认为，**每个人都面临一个最基本的问题：是按照自己内心的评判标准做事，还是按照他人与社会的评判标准做事？**用他的话说，按照自己内心的评判标准做事，就是所谓"内部记分卡（Inner Scorecard）"使用者；按照他人与社会的评判标准做事，就是所谓"外部记分卡（Outer Scorecard）"使用者。

巴菲特是一个典型的"内部记分卡"使用者。在2000年左右，世界经济有一股互联网热潮。在这股大潮的冲击下，很多巴菲特的拥趸也开始买入信息技术公司的股票。用他们的话说，巴菲特那一套东西已经过时了。面对别人的质疑和非议，巴菲特丝毫不为所动。而当别人把他的做法（不碰科技只买消费）奉为教条时，他转眼就重仓了苹果和航空公司的股票。他完全忠于自己的内心，基本不在意别人的看法。

巴菲特认为，一个人最终成为一个"内部记分卡"使用者，还是"外部记分卡"使用者，很大程度上取决于他早年的所受的家庭教育和影响。如果父母重视的外部世界的看法，有意无意间忽视甚至抹杀你内心的感受，那么，你最终将成为"外部记分卡"使用者。同时，父母是"内部记分卡"使用者，还是"外部记分卡"，也会对子女起到直接的榜样示范作用。

按照巴菲特的评价,他的父亲绝对是一个百分之百的"内部记分卡"使用者。在巴菲特看来,他的父亲是一个特立独行的人。他的这种特立独行,并非是要做个样子给别人看。他真的不在乎别人的评价。巴菲特打心底里敬仰自己的父亲,他说:"我从未见过任何人做到像他一样。"父亲对他的影响是深入骨髓的。巴菲特说:"我的父亲教会我应该怎样生活。"

二、嘴在哪里,钱放哪里

一个"内部记分卡"使用者,做事会有什么特点呢?忠于自己,始终如一,不为潮流所动,不受他人看法左右。

巴菲特说:"我有一个内部的记分牌,如果我做了什么事,别人不喜欢,但我自己很喜欢,我会感到高兴。如果我做的事,别人纷纷夸奖,但我自己并不满意,我不会感到高兴。"

作为一名成功的投资家,不断有人从不同角度梳理巴菲特的投资哲学。也有人发现,他的投资标的和他的兴趣、嗜好有关。他喜欢什么,爱吃什么,就投资什么。用他的话说,"我的嘴放在哪里,我们公司的钱就放在哪里。"

比如,巴菲特爱喝可口可乐,于是,他就投资可口可乐公司。

巴菲特爱喝可口可乐,这一点众所周知。巴菲特从小就爱喝可口可乐,一直喝了几十年,从来都是赞不绝口。在2016年的伯克希尔·哈撒韦公司股东大会上,巴菲特开玩笑说,自己身体的1/4可能都是可口可乐。

有人非议,有人嘲笑,他依旧不改初衷。有人对他说,多喝可乐不利健康,应该多喝水,多吃花椰菜。巴菲特笑称,他真希望有个孪生兄弟,只吃花椰菜和水,但摄入和他喝可乐同样多的热量,看看谁更健康。他说,这位同胞兄弟可能会活得更长,但可能会不快乐,"你可以选择摄入更多热量,我是一个非常、非常开心的人。"

1988 年至 1989 年，巴菲特连续买入 10 亿美元可口可乐股票。截至 1994 年，巴菲特对可口可乐的投资额达到 13 亿美元，而其所持可口可乐股票，在 1997 年升值至 133 亿。2014 年的数据显示，巴菲特为可口可乐公司的最大股东，持有 4 亿股股票，持股比例为 9.1%。巴菲特曾不止一次在公开场合表示，他将永久持有可口可乐公司的股票。2014 年，可口可乐股价及利润齐齐下跌，巴菲特依旧表示，"没有抛售计划"。

再比如，巴菲特喜欢吃巧克力，于是，他就投资喜诗糖果（See's candy）公司。

1972 年，巴菲特的伯克希尔·哈撒韦公司以 2500 万美元收购喜诗糖果公司。喜诗公司的主打产品巧克力非常有名。据说，这笔收购缘起于 1971 年。当时，巴菲特第一次吃到喜诗巧克力时，就一下子喜欢上了它的味道。到 2007 年，喜诗累计为伯克希尔产生了 13.5 亿美元的税前利润。有人估算了一下，伯克希尔公司在 36 年间，从喜诗糖果获得高达 134 倍的投资收益。

再比如，巴菲特爱吃冰激凌，于是，他投资了冰激凌品牌 DQ（冰雪皇后）公司。据说，这项投资也是缘于一次"吃缘"。

巴菲特爱吃什么，就投什么，这样的例子简直不胜枚举。比如，他花了 2 秒就决定投资百威啤酒。爱吃番茄酱，就不惜花 280 亿收购了美国食品制造商亨氏。2014 年，又给汉堡王提供 30 亿美元的融资支持。

当然，巴菲特的投资布局绝不仅限于饮品企业和食品企业，他选择企业的标准也绝不仅仅是自己的嗜好。但毫无疑问，他本人喜欢与否是投资考虑的重要方面。

三、诚则明矣，明则诚矣

投资，是把现在的钱投向未来，把自己的钱放在别人那里。事情未做，能不能成，他不知道。是不是蒙你，是不是骗你，你不知道。面对未来，没有谁能铁口直断！因此，投资是一件挑战人类认知极限的事情。

那么，如何才能穿透未知的迷雾呢？谁能帮助我们穿透未知的迷雾呢？最普遍的做法是，求助于所谓"科学"。巴菲特是这么做的吗？答案是否定的。

我们知道，巴菲特虽然是科班出身，但他对当今的商学院教育体系并不认同。他说:"商学院非常重视复杂的模式,却忽视了简单的模式,但是,简单的模式却往往更有效。"

巴菲特甚至认为,成功的投资并不需要高等数学知识,"**如果高等数学是必需的,我就得回去送报纸了,我从来没发现高等数学在投资中有什么作用。你不需要成为一个火箭专家。投资并不是一个智商为 160 的人就能击败智商为 130 的人的游戏。**"

在他看来,"要想成功地进行投资,你不需要懂得什么 Beta 值、有效市场、现代投资组合理论、期权定价或是新兴市场,事实上大家最好对这些东西一无所知。当然,我的这种看法与大多数商学院的主流观点有着根本的不同,这些商学院的金融课程主要就是那些东西。"

他认为,"学习投资的学生们只需要接受两门课程的良好教育就足够了,一门是如何评估企业的价值,另一门是如何思考市场价格。"他所奉为圭臬的"价值投资"也极其简单。用他的话说:"**由于价值的概念非常简单,所以没有教授愿意教它**"。

那么,巴菲特是如何做的呢?他是如何穿透未知的迷雾,看到事情的真相的呢?

第一,真诚。

真诚,就是表里如一,怎么想的就怎么说,怎么想的就怎么做。用巴菲特的话说就是,你要成为"内部记分卡"的使用者。

《中庸》:"自诚明,谓之性;自明诚,谓之教。诚则明矣,明则诚矣。"**真诚帮人看穿事物的真相,这是利用人的本性。看穿事物的真相会使人真诚,这是教育的作用。真诚会提高人的洞察力,洞察力强的人也会很真诚。**

为什么真诚,能帮人看穿事物的真相呢?举个例子就明白了。**如果家里有一块表,一看就知道几点几分。如果有几块表,并且在走时不都准确的情况下,还能知道当下的准确时间吗?反而不知道了!假如只有一把尺子,量一量就知道一个物体的长短。如果有好几把尺子,并且标准不统一呢?尺子多了,反而会引起混乱。**

所谓"内部记分卡"就是自己内心的价值尺度和评判标准。使用"内部记分卡"的人,评判标准单一,思维清晰,行为坚定。所谓"外部记分卡"就是社会和他人的价值尺度和评判标准。使用"外部记分卡"的人,因为评判标准混乱,会引起思维混乱和行为上的摇摆。

人人都会说，"不要在意别人的看法，要在意自己内心的感受"。但真做到"猝然临之而不惊，无故加之而不怒"，并不容易。试想，无缘无故被人骂一通，或突然被人吐一脸口水，有多少人能做到面不改色心不跳？**所以，为人真诚，既不是一种常识，也不是一种知识，而是一种气节、操守和品格。这种气节、操守和品格，要么在幼年习得，要么靠长期修炼养成。问题的关键是，太多的人意识不到它的珍贵！**

巴菲特喜欢甜的饮品、食品，于是，他投资了这些企业。这貌似很荒唐，其实也不难理解：你生产的产品，连你自己都不用，别人会用吗？连自己都不用的产品，却鼓励别人使用，这不是骗人吗？骗人的事情，怎么能成立呢？如果用一颗真诚的心去衡量，这一切不都是不言自明的吗！

第二，专注。

在一次巴菲特和比尔·盖茨一家聚餐的晚宴上，盖茨的父亲问了他们一个问题：人一生中最重要的是什么？巴菲特的答案是"专注"，比尔·盖茨的答案也是"专注"！中国有句老话：英雄所见略同。这两位世界上最富有的人，在人生最重要问题的看法上，竟是如此一致！

为什么都强调专注呢？我们也可以在中国的古代典籍中找到答案。

《中庸》上说："其次致曲。曲能有诚。诚则形，形则著，著则明，明则动，动则变，变则化。唯天下至诚为能化。"致曲者，专注者也。**做人最高的境界是真诚，次高的境界是专一。专注于某一专业领域，也能达到真诚的境界。这种真诚达到一定程度，会足以影响他人、化育万物。**专一和真诚一样，都是为了帮助我们实现看清未来的目的。

由此可见，巴菲特的投资之道和幸福之道并不复杂。简单的，并不一定是容易的。它貌似人人可以学，但未必人人都能做到。这或许正应了中国那句老话：大道至简！

我们知道，**老子、庄子都强调"清静无为"。所谓的"无为"，不是什么都不做，而是摒弃"伪知识"，不要"瞎折腾"。成事并不复杂，只要合乎"道"就行了，本不需要太多人为为伪的东西。**在这方面，巴菲特为我们做出了很好的示范。

附记：东圣西圣，心同理同

巴菲特是一位成功人士，他特别招人喜欢，尤其是招中国人喜欢。这是为什么呢？隐隐约约感到，他的价值观和中国古圣先贤的价值观高度契合。认真梳理一下，还真是这么回事。

笔者分明看到，巴菲特的身上既有儒家风范，又有道家风骨。他很儒雅，宛如谦谦君子；他很睿智，出口皆哲言警句。他奉行极简主义生活理念，他的投资之道极其简单，好像人人都能学得来。

孟子有言："先圣后圣，其揆一也！"陆象山也说："东海有圣人，西海有圣人，此心同此理同"。地球不过是那个地球，宇宙不过是那个宇宙，事情也不过就那点事情！人的生理结构、心理结构都差不多，对一些基本问题的看法，怎么可能会有根本的差别呢？所以，这一切，也就没有什么好奇怪的了。

一直有一个想法：把西方的大师和东方的圣贤放到一起，让他们对话、论道。当然，受时空条件限制，让他们直接晤谈，是不可能的。我们所能做的，只是挖掘他们内心深处的同与不同之处，让他们神交、神游。

第 12 篇

企业家要跟李嘉诚先生学做人

几年前,内地一些企业家去拜会李嘉诚先生。席间,大家要他讲几句话。李先生只讲了八个字:"建立自我,追求无我!"这不但是李嘉诚先生的座右铭,而且他还准备把这句话当作他的墓志铭。由此可见,他对这句话有多么钟爱。这句话像一面镜子,我们每个人都可以拿来照一照自己。

一、人生境界,有高有低

人生是有一定层次和境界的,只不过有些人不理解而已。

宋代有个禅师，叫青原惟信。他这样表述自己参禅的心路历程：未参禅时，见山是山，见水是水。等到后来，见山不是山，见水不是水。而今和以前一样，见山还是山，见水还是水。惟信禅师问大家，谁能分辨得出其中的区别？

这个故事流传很广，相信很多人都读过。但读过归读过，你能理解他的意思吗？笔者很小的时候就读过，但年少不懂事，既不懂"山山水水"，更不懂山山水水的变化。笔者相信，这和知识无关，而和阅历有关。

德国哲学家尼采提出，人的精神境界有三种。这三种境界分别是：骆驼、狮子和婴儿。

骆驼最大的特征是什么？它有两个大大的驼峰，它要背负很多东西。人生的早年也是这样，要接受别人或命运的安排，往往身不由己。这个阶段的生命状态是"要我如何、如何"。

狮子最大的特征是强壮有力，总要展现自己的意志。人生也是这样。等到自己长大成人，在经济上实现自立，自我的一面逐渐展现。于是，经常像狮子一样发出怒吼："我要如何、如何！"其实，这还不是人生的最高境界。

人生的第三种境界，是成长为所谓"婴儿"。"婴儿"最大的特征是不装，"我是什么就是什么"。高兴就笑，不高兴就哭。人到这个境界，做事不取巧，做人不谄媚，傻傻地做自己。孟子说："大人者不失其赤子之心者也！"伟大人物都有一颗赤子般的心！返璞归真，永怀赤子之心，才是人生的最高境界！

尼采认为，人生的本质就是不断地自我超越。他主张，人的精神要不断蜕变，由骆驼变为狮子，再由狮子变成婴儿。一个普通人只有经历"精神三变"，才能成为所谓"超人"。

巴菲特说，你花一万年，也难告诉鱼在陆地上行走的感觉！庄子说，井蛙不可语海，夏虫不可语冰！人生一定是有层次、有境界的。只不过自己没层次，所以看不到层次。自己没境界，所以看不到境界。

丰子恺先生说："人生有三层楼：第一层是物质生活，第二层是精神生活，第三层是灵魂生活。"我们也可以说一句，人生分别在三层楼上展开：第一层楼上住着寻找自我的人，第二层楼上住着建立自我的人，第三层楼上住着放下自我的人。

住一层楼的人，往往觉得自己啥都不是；住二层楼的人，往往觉得自己很厉害；住三层楼的人，往往觉得每个人都有高明处。

李嘉诚先生曾经反复提醒年轻的中国企业家："创造自我，追求无我"。他的话是一种期许，也是一面镜子，每个人都可以拿来照一照自己。

二、没有自我，一事难成

人并不是一开始就有自我的，也不是一开始就有自信的。有的人一辈子也没有建立起自我、自信，这样的人并不在少数。

为什么要建立自我？

没有自我，就没有自信。没有自信，就只有他信。他信，就容易迷失。迷失，就意味着走错路。走错路，就意味着失败。西方人有句话，"自信是向上的车轮。"建立不起真正的自我，没有骨子里的自信，是很难干出

一番事业的。

那么,如何才能建立自我呢?

首先要认识自己。

自我是一个人与生俱来的东西,找到它却不是一件容易的事情。我是谁?我从哪里来?我要到哪里去?这是每个人都要面对的问题。我们干的到底是一件什么事情?我们干的事情将会怎么样?什么东西对我们最重要?这是每家企业都要面对的问题。**这些问题不能问别人,也不需要满世界里去寻找,只需要追问自己的内心。用孟子的话说,"尽其心、知其性",倾听自己内心深处的声音,就了解自己的本性了!**

其次,要忠于自己。

所谓"忠于自己",就是忠于自己的内心,忠于自己的信念和选择。**忠于自己的人,会按照自己对事情的领悟和理解去做事。**一些事情从眼前看是错的,但从长远看是对的;也有一些事情从眼前看是对的,但从长远看是错的;还有一些事情本无所谓对错。无论对与错,坚持按自己想的去做。错了再改正,但无论如何要忠于自己!

任正非说，老是让妈妈管着的小孩长不大，溺爱的孩子都不成气候。为什么？因为他对世界没有自己的领悟。万科地产总裁郁亮说："要长期做好的话，只能按照自己的思维去做，只按照自己认为对的方法去做，而不是说按照别人指点的去做。"

人不可能完全依赖知识和信息去做事。人的感觉和感受是非常宝贵的东西。人最终得依赖它去做事情。**要建立自己对世界的感觉和感受，也要相信自己内心的感觉和感受。不能太在意别人的看法，更不能迫于压力去做违心的事情。**俗话说，教的曲唱不得！不是出于自己的本心、想法和感悟，只靠别人的教导、传授和指示，肯定是不顶用的。

不但要建立自己对世界的感觉，而且还要保持对环境的警觉。依据自己对世界的观察、判断行事，发现错误及时改正，并不断修正自己对世界的看法，逐步形成自己与环境的良性互动。这样，时间久了，"自我"就成长起来了。

第三，要坚定不移。

世界这么大，无论我们选择什么，都有坚持的空间。一些事情本没有对与错，坚持下去必有所获，一旦放弃则一无所有。摇摆不定的人当不了领导，领导者应是笃定的坚持者。

《尚书·大禹谟》："人心惟危，道心惟微；惟精惟一，允执厥中。"人的想法变幻莫测，事物的发展难以把握，只有专心致志、绝不动摇，才能承担起领导的责任。

在谈到自己成功的秘诀时，马云说："第一，你自己要相信，就是'我相信'，'我们相信'；第二，是坚持；第三，学习，第四，我们做正确的事和正确地做事——正是这四个关键使阿里巴巴走到现在。"

三、固守自我，就此止步

一个人要建立自我。但建立了自我的人，也容易变得固执。企业家尤其是这样。一旦固守自我、故步自封，他的发展也往往就此止步。

企业家为什么容易变得固执呢？

首先，企业家往往天生自我意识较强。德鲁克说："企业家都是偏执狂。"没有主见的人当不了企业家。

任正非说："我从小就和父母关系不好，为什么不好呢？就是不听他们的，不是我不孝敬，我有自己的主见，最后我自己走出路来了。"任正非从小就非常有主见。

有一回，老师带一帮学童游鼓山。等爬上鼓山顶峰，一派天风海涛，学童们兴奋不已。老师以"海"为题，出一上联："海到无边天作岸"，让学童对下联。有位九岁的学童对出震古烁今的下联："山登绝顶我为峰"。他就是林则徐。

著名投资家尤里·米尔纳（Yuri Milner）是一个俄罗斯人。他曾投出Facebook、Twitter、阿里巴巴、京东、小米、滴滴等明星企业。他说，他所投资的成功企业有一个共同特点，那就是创始人偏执、自信和强大。

其次，世俗的成功也强化一个人的自我意识。庄子有句话，（大）道隐于小成，（大）言隐于荣华。大道被小小的成功所隐蔽，言论被浮华的辞藻所掩盖。小的成功可能误导他们，让他们自以为找到了成功的大道。

四、放下自我，海阔天空

从没有自我到建立自我，这还不是人生的最高阶段。人生的最高境界是放下自我。

那是什么样的一种境界呢？

首先，无论何种人等，他都能与之和谐相处。《礼记·中庸》："万物并育而不相害，道并行而不相悖。"自己活，也让别人活。自己过得去，也让别人过得去。自己高兴，也让别人快乐。坚持自己的意见，也尊重别人的意见。

其次，无论何种场景，他都能与之自然相融。**环境、场景不断发生改变，自己的角色也随之改变。在不忘自我、坚持自我的同时，随时随地准备放下自我、改变自己。坚持是有改变的坚持，改变是有坚持的改变。既能坚守自我，又能适应环境。既自由自在，又毫无违和感，所谓融入当下、活在当下。**

那么，如何才能做到放下自我？

放下自我，要破除所谓"我执""法执"。我执心重的人处处以自我为中心，不考虑别人的利益和感受。法执心重的人往往自以为是，总以为真理在握。场景在变，自己的角色也在变。情况在变，以往的方法也要变。如果不肯放下自我，死守以往的想法和做法，十有八九会碰壁的。

重要的是，要破我执。

李嘉诚请内地企业家吃饭的故事流传很广。对于如何做人，也为中国企业家上了宝贵的一课。

一次，马云等一批企业家去中国香港拜见李嘉诚。李嘉诚先生是商界前辈，本以为他会姗姗来迟。但电梯一开，他已经恭候大家多时了。要吃饭了，大家都在为谁坐主桌、次桌费心思，没想到李先生用抓阄的办法安排座次。一个小时的吃饭时间，他不偏不倚，每桌陪15分钟。李先生周到和细致的安排令大家非常感动。宴会结束，李先生逐一跟大家握手，连墙角的服务员也不落下。这点大家更是没有想到。

李嘉诚先生是商界大家、社会名流，但他不以大佬自居，一言一行考虑别人感受，一举一动皆让人舒服。他心中总是装着别人，他是放下了自我的人。

李嘉诚也始终没有忘记自己是谁。**学佛的人喜欢说"破我执"。前提是你得有一个"我"，才能谈得上**

"破"。一些人本来没有自我,破何我执?! 只有建立自我、做好自己,才能谈得上"追求无我"。

这个世界上本没有所谓绝对真理。谁说他掌握了绝对真理,实践中他一定碰壁。每个人都要适应不断变化的情况,那些伟大人物之所以伟大,就在于他能充分认识到自身的局限性。古今中外,概莫能外。

杰克·韦尔奇是美国成功的企业家,但他并不认为西方那套管理办法,可以放诸四海而皆准。他说:"我认为中国不应当受到西方管理理念的困扰。我认为中国应当自行其是。而且在中国成长和繁荣的过程中,中国将创立一些体系,这种体系会长久成功下去。"

尽管他有丰富的管理经验,但他毫不讳言自己对于中国市场的无知:"十年来我一直在往那儿跑,每次去,都会笑话自己上次来的时候知道得那么少。那个地方太大、太复杂了,我搞不懂,真的搞不懂。这也许是我该退休的原因,该由别人去把它搞懂。"

北宋有个武学博士,叫何去非,他写了一本书叫《何博士备论》。这本书对如何运用兵法有十分深刻的论述:"古之善为兵者,不以法为守,而以法为用。常能缘法而生法，与夫离法而合法。"

什么意思呢？兵法是用来打仗的，有用就用，没用就扔。真正会打仗的人没有死守教条的。他们常常能够根据已有的兵法发展出新的兵法，往往表面上违背了兵法，却在更高的层次上契合了兵法。毛泽东有句名言："一上战场，兵法就全都忘了。"做任何事情，包括行军打仗，也包括管理企业，都不能死守教条。

五、改造自我，永无止境

2500多年前，子贡与孔子有一番对话。子贡说："贫而无谄，富而无骄。何如？"孔子说，还可以吧！"未若贫而乐（道），富而好礼者也。"

人性之常，是"贫而谄、富而骄"。人穷了容易谄媚别人，人富了往往自我膨胀，变得骄横、霸道。有修养的人会觉察到自己的这一变化，懂得克制和收敛一下自己的本性。子贡是当时的有钱人，他大概自以为做得不错了，希望得到孔子的肯定和表扬，于是向孔子说出这番话。

孔子师徒对话是那个时代人性的写照。时代变迁了，人性变了吗？没有！老百姓讲话：穷人乍富，挺胸腆肚；富人乍穷，寸步难行。人穷了往往活得卑微，人富了往往活得嚣张。过去两千年了，人性没有变化。再过两千年，人性也不会变化。

改造自我，除了学习、反思以外，也需要一些外在的际遇。正如孟子所说："故天将降大任于斯人也，必先苦其心志，劳其筋骨，饿其体肤，空乏其身，行拂乱其所为，所以动心忍性，增益其所不能。"所谓"动心忍性"，就是震撼其心灵，淬炼其性情，使其既坚且韧，像钢铁一样。

任正非说："我44岁的时候，在经营中被骗了200万，被国企南油集团开除，曾求留任遭拒，还背负还清200万债务。妻子又和我离婚，我带着老爹老娘弟弟妹妹在深圳住棚屋，创立华为公司。"

管理一家高速成长的高科技公司并不是一件容易的事情，有一段时间他整个人都累垮了。任正非"身体有多项疾病，动过两次癌症手术"。2002年，华为公司内外矛盾交织在一起，他深感无力掌控这个公司，"有半年时间都是噩梦，梦醒时常常哭"。

苦难对人性的砥砺是不容低估的。没有遭遇山穷水尽、走投无路的处境，没有经历痛彻心扉、夜夜心惊的历程，哪能动心忍性？不光苦难、挫折对人性有砥砺作用，幸运、成功对人性也是一种砥砺。

稻盛和夫先生对这个问题认识得非常深刻。他说："**成功是一种磨难，因为你会掉入我执。只见自己，不见其余。傲气、戾气就来了。看人都是傻瓜，一出口就是训斥。大多数人都破不了这一层磨难，下一次他就失手了。**"

人生的最高境界是什么呢？按照中国传统儒家的观点，成为圣贤是人生的最高境界。那么，圣贤的标准是什么呢？怎样才能成为圣贤？

500多年前，王明阳和他的弟子有过一番对话，专门探讨这个问题。他认为，圣人之所以成为圣人，全在于内心的纯正。正如同金子，主要看成色足不足，固然斤两也很重要。

怎样才能成为圣贤？主要是学习圣贤的心地。你是

桀纣的心地，成就不了尧舜的事业。一般人认为，只要拥有圣贤的知识和能力就可以了。事实上，不是那样的。成为圣贤的关键不在于多知多能，而在于开发良知良能。

良知良能是个巨大的宝藏，它使人人皆可成圣作贤。"人人自有，个个圆成，便能大以成大，小以成小，不假外慕，无不具足。"良知良能，与生俱来，不用羡慕别人，人人都有。

稻盛和夫先生说，人生的目的在于"提高心性，磨炼灵魂"。也有人说，人类尚未开垦的最大疆域，是两耳之间的部分。我们要在自己内心深处开疆拓土，不断丰富自己的精神世界，提高自己的精神境界。改造客观世界无止境，改造主观世界也无止境！

附记：胸有千万言，下笔也不易！

真动笔写，还真不容易！一下笔，才发现自己不知道的东西太多了！大家知道"看山不是山"的说法，但它到底是谁说的？有人说，这是宋代禅师青原行思说的。再查青原行思，他是唐代的，根本不是宋朝人。再查，这话根本不是青原行思说的，而是青原惟信说的，语出《五灯会元·卷17》。现在写文章的人多，但有些东西也错得很离谱。再次体会到，写文章的不易！

推荐作者得新书！
博瑞森征稿启事

亲爱的读者朋友：

感谢您选择了博瑞森图书！希望您手中的这本书能给您带来实实在在的帮助！

博瑞森一直致力于发掘好作者、好内容，希望能把您最需要的思想、方法，一字一句地交到您手中，成为管理知识与管理实践的桥梁。

但是我们也知道，有很多深入企业一线、经验丰富、乐于分享的优秀专家，或者忙于实战没时间，或者缺少专业的写作指导和便捷的出版途径，只能茫然以待……

还有很多在竞争大潮中坚守的企业，有着异常宝贵的实践经验和独特的洞察，但缺少专业的记录和整理者，无法让企业的经验和故事被更多的人了解、学习……

对读者而言，这些都太遗憾了！

博瑞森非常希望能将这些埋藏的"宝藏"发掘出来，贡献给广大读者，让更多的人从中受益。

所以，我们真心地邀请您，我们的老读者，帮我们搜寻：

推荐作者

可以是您自己或您的朋友，只要对本土管理有实践、有思考；可以是您通过网络、杂志、书籍或其他途径了解的某位专家，不管名气大小，只要他的思想和方法曾让您深受启发。

可以是管理类作品，也可以超出管理，各类优秀的社科作品或学术作品。

推荐企业

可以是您自己所在的企业，或者是您熟悉的某家企业，其创业过程、运营经历、产品研发、机制创新，等等。无论企业大小，只要乐于分享、有值得借鉴书写之处。

总之，好内容就是一切！

博瑞森绝非"自费出书"，出版费用完全由我们承担。您推荐的作者或企业案例一经采用，我们会立刻向您赠送书币1000元，可直接换取任何博瑞森图书的纸书或电子书。

感谢您对本土管理原创、博瑞森图书的支持！

推荐投稿邮箱：bookgood@126.com　　推荐手机：13611149991

1120 本土管理实践与创新论坛

这是由 100 多位本土管理专家联合创立的企业管理实践学术交流组织,旨在孵化本土管理思想、促进企业管理实践、加强专家间交流与协作。

论坛每年集中力量办好两件大事:第一,"**出一本书**",汇聚一年的思考和实践,把最原创、最前沿、最实战的内容集结成册,贡献给读者;第二,"**办一次会**",每年 11 月 20 日本土管理专家们汇聚一堂,碰撞思想、研讨案例、交流切磋、回馈社会。

论坛理事名单(以年龄为序,以示传承之意)
首届常务理事:

彭志雄	曾 伟	施 炜	杨 涛	张学军
郭 晓	程绍珊	胡八一	王祥伍	李志华
陈立云	杨永华			

理　事:

卢根鑫	王铁仁	周荣辉	曾令同	陆和平	宋杼宸
张国祥	刘承元	曹子祥	宋新宇	吴越舟	吴 坚
戴欣明	仲昭川	刘春雄	刘祖轲	段继东	何 慕
秦国伟	贺兵一	张小虎	郭 剑	余晓雷	黄中强
朱玉童	沈 坤	阎立忠	张 进	丁兴良	朱仁健
薛宝峰	史贤龙	卢 强	史幼波	叶敦明	王明胤
陈 明	岑立聪	方 刚	何足奇	周 俊	杨 奕
孙行健	孙嘉晖	张东利	郭富才	叶 宁	何 屹
沈 奎	王 超	马宝琳	谭长春	夏惊鸣	张 博
李洪道	胡浪球	孙 波	唐江华	程 翔	刘红明
杨鸿贵	伯建新	高可为	李 蓓	王春强	孔祥云
贾同领	罗宏文	史立臣	李政权	余 盛	陈小龙
尚 锋	邢 雷	余伟辉	李小勇	全怀周	初勇钢
陈 锐	高继中	聂志新	黄 屹	沈 拓	徐伟泽

谭洪华	崔自三	王玉荣	蒋　军	侯军伟	黄润霖
金国华	吴　之	葛新红	周　剑	崔海鹏	柏　夔
唐道明	朱志明	曲宗恺	杜　忠	远　鸣	范月明
刘文新	赵晓萌	张　伟	韩　旭	韩友诚	熊亚柱
孙彩军	刘　雷	王庆云	李少星	俞士耀	丁　昀
黄　磊	罗晓慧	伏泓霖	梁小平	鄢圣安	

企业案例·老板传记

书名，作者	内容/特色	读者价值
你不知道的加多宝：原市场部高管讲述 曲宗恺　牛玮娜　著	前加多宝高管解读加多宝	全景式解读，原汁原味
借力咨询：德邦成长背后的秘密 官同良　王祥伍　著	讲述德邦是如何借助咨询公司的力量进行自身与发展的	来自德邦内部的第一线资料，真实、珍贵，令人受益匪浅
收购后怎样有效整合：一个重工业收购整合实录（待出版） 李少星　著	讲述企业并购后的事	语言轻松活泼，对并购后的企业有借鉴作用
娃哈哈区域标杆：豫北市场营销实录 罗宏文　赵晓萌　等著	本书从区域的角度来写娃哈哈河南分公司豫北市场是怎么进行区域市场营销，成为娃哈哈全国第一大市场、全国增量第一高市场的一些操作方法	参考性、指导性，一线真实资料
六个核桃凭什么：从0过100亿 张学军　著	首部全面揭秘养元六个核桃裂变式成长的巨著	学习优秀企业的成长路径，了解其背后的理论体系
像六个核桃一样：打造畅销品的36个简明法则 王超　范萍　著	本书分上下两篇：包括"六个核桃"的营销战略历程和36条畅销法则	知名企业的战略历程极具参考价值，36条法则提供操作方法
解决方案营销实战案例 刘祖轲　著	用10个真案例讲明白什么是工业品的解决方案式营销，实战，实用	有干货，真正操作过的才能写得出来
招招见销量的营销常识 刘文新　著	如何让每一个营销动作都直指销量	适合中小企业，看了就能用
我们的营销真案例 联纵智达研究院　著	五芳斋粽子从区域到全国/诺贝尔瓷砖门店销量提升/利豪家具出口转内销/汤臣倍健的营销模式	选择的案例都很有代表性、实在、实操！
中国营销战实录：令人拍案叫绝的营销真案例 联纵智达　著	51个案例，42家企业，38万字，18年，累计2000余人次参与……	最真实的营销案例，全是一线记录，开阔眼界
双剑破局：沈坤营销策划案例集 沈坤　著	双剑公司多年来的精选案例解析集，阐述了项目策划中每一个营销策略的诞生过程、策划角度和方法	一线真实案例，与众不同的策划角度令人拍案叫绝、受益匪浅
宗：一位制造业企业家的思考 杨涛　著	1993年创业，引领企业平稳发展20多年，分享独到的心得体会	难得的一本老板分享经验的书
简单思考：AMT咨询创始人自述 孔祥云　著	著名咨询公司（AMT）的CEO创业历程中点点滴滴的经验与思考	每一位咨询人，每一位创业者和管理经营者，都值得一读
边干边学做老板 黄中强　著	创业20多年的老板，有经验、能写、又愿意分享，这样的书很少	处处共鸣，帮助中小企业老板少走弯路

续表

	书名·作者	内容/特色	读者价值
企业案例·老板传记	三四线城市超市如何快速成长：解密甘雨亭 IBMG国际商业管理集团 著	国内外标杆企业的经验+本土实践量化数据+操作步骤、方法	通俗易懂，行业经验丰富，宝贵的行业量化数据，关键思路和步骤
	中国首家未来超市：解密安徽乐城 IBMG国际商业管理集团 著	本书深入挖掘了安徽乐城超市的试验案例，为零售企业未来的发展提供了一条可借鉴之路	通俗易懂，行业经验丰富，宝贵的行业量化数据，关键思路和步骤

互联网+

	书名·作者	内容/特色	读者价值
互联网+	企业微信营销全指导 孙 巍 著	专门给企业看到的微信营销书，手把手教企业从小白到微信营销专家	企业想学微信营销现在还不晚，两眼一抹黑也不怕，有本书就够
	企业网络营销这样做才对：B2B 大宗B2C 张 进 著	简单直白拿来就用，各种窍门信手拈来，企业网络营销不麻烦也不用再头疼，一般人不告诉他	B2B、大宗B2C企业有福了，看了就能学会网络营销
	互联网时代的银行转型 韩友诚 著	以大量案例形式为读者全面展示和分析了银行的互联网金融转型应对之道	结合本土银行转型发展案例的书籍
	正在发生的转型升级·实践 本土管理实践与创新论坛 著	企业在快速变革期所展现出的管理变革新成果、新方法、新案例	重点突出对于未来企业管理相关领域的趋势研判
	触发需求：互联网新营销样本·水产 何足奇 著	传统产业都在苦闷中挣扎前行，本书通过鲜活的案例告诉你如何以需求链整合供应链，从而把大家熟知的传统行业打碎了重构、重做一遍	全是干货，值得细读学习，并且作者的理论已经经过了他亲自操刀的实践检验，效果惊人，就在书中全景展示
	移动互联新玩法：未来商业的格局和趋势 史贤龙 著	传统商业、电商、移动互联，三个世界并存，这种新格局的玩法一定要懂	看清热点的本质，把握行业先机，一本书搞定移动互联网
	微商生意经：真实再现33个成功案例操作全程 伏泓霖 罗晓慧 著	本书为33个真实案例，分享案例主人公在做微商过程中的经验教训	案例真实，有借鉴意义
	阿里巴巴实战运营——14招玩转诚信通 聂志新 著	本书主要介绍阿里巴巴诚信通的十四个基本推广操作，从而帮助使用诚信通的用户及企业更好地提升业绩	基本操作，很多可以边学边用，简单易学
	今后这样做品牌：移动互联时代的品牌营销策略 蒋 军 著	与移动互联紧密结合，告诉你老方法还能不能用，新方法怎么用	今后这样做品牌就对了
	互联网+"变"与"不变"：本土管理实践与创新论坛集萃·2016 本土管理实践与创新论坛 著	本土管理领域正在产生自己独特的理论和模式，尤其在移动互联时代，有很多新课题需要本土专家们一起研究	帮助读者拓宽眼界、突破思维

续表

	书名·作者	内容/特色	读者价值
互联网+	创造增量市场：传统企业互联网转型之道 刘红明 著	传统企业需要用互联网思维去创造增量，而不是用电子商务去转移传统业务的存量	教你怎么在"互联网+"的海洋中创造实实在在的增量
	重生战略：移动互联网和大数据时代的转型法则 沈拓 著	在移动互联网和大数据时代，传统企业转型如同生命体打算与再造，称之为"重生战略"	帮助企业认清移动互联网环境下的变化和应对之道
	画出公司的互联网进化路线图：用互联网思维重塑产品、客户和价值 李蓓 著	18个问题帮助企业一步步梳理出互联网转型思路	思路清晰、案例丰富，非常有启发性
	7个转变，让公司3年胜出 李蓓 著	消费者主权时代，企业该怎么办	这就是互联网思维，老板有能这样想，肯定倒不了
	跳出同质思维，从跟随到领先 郭剑 著	66个精彩案例剖析，帮助老板突破行业长期思维惯性	做企业竟然有这么多玩法，开眼界

行业类：零售、白酒、食品/快消品、农业、医药、建材家居等

	书名·作者	内容/特色	读者价值
零售·超市·餐饮·服装	总部有多强大，门店就能走多远 IBMG国际商业管理集团 著	如何把总部做强，成为门店的坚实后盾	了解总部建设的方法与经验
	超市卖场定价策略与品类管理 IBMG国际商业管理集团 著	超市定价策略与品类管理实操案例和方法	拿来就能用的理论和工具
	连锁零售企业招聘与培训破解之道 IBMG国际商业管理集团 著	围绕零售企业组织架构、培训体系建设等内容进行深刻探讨	破解人才发现和培养瓶颈的关键点
	中国首家未来超市：解密安徽乐城 IBMG国际商业管理集团 著	介绍了乐城作为中国首家未来超市从无到有的传奇经历	了解新型零售超市的运作方式及管理特色
	三四线城市超市如何快速成长：解密甘雨亭 IBMG国际商业管理集团 著	揭秘一家三四线连锁超市的经验策略	不但可以欣赏它的优点，而且可以学会它成功的方法
	涨价也能卖到翻 村松达夫 【日】	提升客单价的15种实用、有效的方法	日本企业在这方面非常值得学习和借鉴
	移动互联下的超市升级 联商网专栏频道 著	深度解析超市转型升级重点	帮助零售企业把握全局、看清方向
	手把手教你做专业督导：专卖店、连锁店 熊亚柱 著	从督导的职能、作用，在工作中需要的专业技能、方法，都提供了详细的解读和训练办法，同时附有大量的表单工具	无论是店铺需要统一培训，还是个人想成为优秀的督导，有这一本就够了

续表

分类	书名/作者	内容简介	特色
零售·超市·餐饮·服装	百货零售全渠道营销策略 陈继展 著	没有照本宣科、说教式的絮叨,只有笔者对行业的认知与理解,庖丁解牛式的逐项解析、展开	通俗易懂,花极少的时间快速掌握该领域的知识及趋势
	零售:把客流变成购买力 丁昀 著	如何通过不断升级产品和体验式服务来经营客流	如何进行体验营销,国外的好经营,这方面有启发
	餐饮企业经营策略第一书 吴坚 著	分别从产品、顾客、市场、盈利模式等几个方面,对现阶段餐饮企业的发展提出策略和思路	第一本专业的、高端的餐饮企业经营指导书
	电影院的下一个黄金十年:开发·差异化·案例 李保煜 著	对目前电影院市场存大的问题及如何解决进行了探讨与解读	多角度了解电影院运营方式及代表性案例
	赚不赚钱靠店长:从懂管理到会经营 孙彩军 著	通过生动的案例来进行剖析,注重门店管理细节方面的能力提升	帮助终端门店店长在管理门店的过程中实现经营思路的拓展与突破
耐消品	商业车经销商实战 深远汽车 著	聚焦于商用车行业的经销商与4S店的运营	对商用车行业及其经销商运营有很大的指导意义
	汽车配件这样卖:汽车后市场销售秘诀100条 俞士耀 著	汽配销售业务员必读,手把手教授最实用的方法,轻松得来好业绩	快速上岗,专业实效,业绩无忧
	跟行业老手学经销商开发与管理:家电、耐消品、建材家居 黄润霖 著	全部来源于经销商管理的一线问题,作者用丰富的经验将每一个问题落实到最便捷快速的操作方法上去	书中每一个问题都是普通营销人亲口提出的,这些问题你也会遇到,作者进行的解答则精彩实用
白酒	白酒到底如何卖 赵海永 著	以市场实战为主,多层次、全方位、多角度地阐释了白酒一线市场操作的最新模式和方法,接地气	实操性强,37个方法、6大案例帮你成功卖酒
	变局下的白酒企业重构 杨永华 著	帮助白酒企业从产业视角看清趋势,找准位置,实现弯道超车的书	行业内企业要减少90%,自己在什么位置,怎么做,都清楚了
	1. 白酒营销的第一本书(升级版) 2. 白酒经销商的第一本书 唐江华 著	华泽集团湖南开口笑公司品牌部长,擅长酒类新品推广、新市场拓展	扎根一线,实战
	区域型白酒企业营销必胜法则 朱志明 著	为区域型白酒企业提供35条必胜法则,在竞争中赢销的葵花宝典	丰富的一线经验和深厚积累,实操实用
	10步成功运作白酒区域市场 朱志明 著	白酒区域操盘者必备,掌握区域市场运作的战略、战术、兵法	在区域市场的攻伐防守中运筹帷幄,立于不败之地
	酒业转型大时代:微酒精选2014-2015 微酒 主编	本书分为五个部分:当年大事件、那些酒业营销工具、微酒独立策划、业内大调查和十大经典案例	了解行业新动态、新观点,学习营销方法

续表

快消品·食品	5小时读懂快消品营销：中国快消品案例观察 陈海超 著	多年营销经验的一线老手把案例掰开了、揉碎了，从中得出的各种手段和方法给读者以帮助和启发	营销那些事儿的个中秘辛，求人还不一定告诉你，这本书里就有
	快消品招商的第一本书：从入门到精通 刘 雷 著	深入浅出，不说废话，有工具方法，通俗易懂	让零基础的招商新人快速学习书中最实用的招商技能，成长为骨干人才
	乳业营销第一书 侯军伟 著	对区域乳品企业生存发展关键性问题的梳理	唯一的区域乳品营销书，区域乳品企业一定要看
	食用油营销第一书 余 盛 著	10多年油脂企业工作经验，从行业到具体实操	食用油行业第一书，当之无愧
	中国茶叶营销第一书 柏 夔 著	如何跳出茶行业"大文化小产业"的困境，作者给出了自己的观察和思考	不是传统做茶的思路，而是现在商业做茶的思路
	调味品营销第一书 陈小龙 著	国内唯一一本调味品营销的书	唯一的调味品营销的书，调味品的从业者一定要看
	快消品营销人的第一本书：从入门到精通 刘 雷 伯建新 著	快消行业必读书，从入门到专业	深入细致，易学易懂
	变局下的快消品营销实战策略 杨永华 著	通胀了，成本增加，如何从被动应战变成主动的"系统战"	作者对快消品行业非常熟悉、非常实战
	快消品经销商如何快速做大 杨永华 著	本书完全从实战的角度，评述现象，解析误区，揭示原理，传授方法	为转型期的经销商提供了解决思路，指出了发展方向
	一位销售经理的工作心得 蒋 军 著	一线营销管理人员想提升业绩却无从下手时，可以看看这本书	一线的真实感悟
	快消品营销：一位销售经理的工作心得2 蒋 军 著	快消品、食品饮料营销的经验之谈，重点图书	来源与实战的精华总结
	快消品营销与渠道管理 谭长春 著	将快消品标杆企业渠道管理的经验和方法分享出来	可口可乐、华润的一些具体的渠道管理经验，实战
	成为优秀的快消品区域经理（升级版） 伯建新 著	用"怎么办"分析区域经理的工作关键点，增加30%全新内容，更贴近环境变化	可以作为区域经理的"速成催化器"
	销售轨迹：一位快消品营销总监的拼搏之路 秦国伟 著	本书讲述了一个普通销售员打拼成为跨国企业营销总监的真实奋斗历程	激励人心，给广大销售员以力量和鼓舞
	快消老手都在这样做：区域经理操盘锦囊 方 刚 著	非常接地气，全是多年沉淀下来的干货，丰富的一线经验和实操方法不可多得	在市场摸爬滚打的"老油条"，那些独家绝招妙招一般你问都是问不来的
	动销四维：全程辅导与新品上市 高继中 著	从产品、渠道、促销和新品上市详细讲解提高动销的具体方法，总结作者18年的快消品行业经验，方法实操	内容全面系统，方法实操

续表

农业	新农资如何换道超车 刘祖轲 等著	从农业产业化、互联网转型,行业营销与经营突破四个方面阐述如何让农资企业占领先机、提前布局	南方略专家告诉你如何应对资源浪费、生产效率低下、产能严重过剩、价格与价值严重扭曲等
	中国牧场管理实战:畜牧业、乳业必读 黄剑黎 著	本书不仅提供了来自一线的实际经验,还收入了丰富的工具文档与表单	填补空白的行业必读作品
	中小农业企业品牌战法 韩旭 著	将中小农业企业品牌建设的方法,从理论讲到实践,具有指导性	全面把握品牌规划,传播推广,落地执行的具体措施
	农资营销实战全指导 张博 著	农资如何向"深度营销"转型,从理论到实践进行系统剖析,经验资深	朴实、使用!不可多得的农资营销实战指导
	农产品营销第一书 胡浪球 著	从农业企业战略到市场开拓、营销、品牌、模式等	来源于实践中的思考,有启发
	变局下的农牧企业9大成长策略 彭志雄 著	食品安全、纵向延伸、横向联合、品牌建设……	唯一的农牧企业经营实操的书,农牧企业一定要看
医药	在中国,医药营销这样做:时代方略精选文集 段继东 主编	专注于医药营销咨询15年,将医药营销方法的精华文章合编,深入全面	可谓医药营销领域的顶尖著作,医药界读者的必读书
	医药新营销:制药企业、医药商业企业营销模式转型 史立臣 著	医药生产企业和商业企业在新环境下如何做营销?老方法还有没有用?如何寻找新方法?新方法怎么用?本书给你答案	内容非常现实接地气,踏实谈问题说方法
	医药企业转型升级战略 史立臣 著	药企转型升级有5大途径,并给出落地步骤及风险控制方法	实操性强,有作者个人经验总结及分析
	新医改下的医药营销与团队管理 史立臣 著	探讨新医改对医药行业的系列影响和医药团队管理	帮助理清思路,有一个框架
	医药营销与处方药学术推广 马宝琳 著	如何用医学策划把"平民产品"变成"明星产品"	有真货、讲真话的作者,堪称处方药营销的经典!
	新医改了,药店就要这样开 尚锋 著	药店经营、管理、营销全攻略	有很强的实战性和可操作性
	电商来了,实体药店如何突围 尚锋 著	电商崛起,药店该如何突围?本书从促销、会员服务、专业性、客单价等多重角度给出了指导方向	实战攻略,拿来就能用
	OTC医药代表药店销售36计 鄢圣安 著	以《三十六计》为线,写OTC医药代表向药店销售的一些技巧与策略	案例丰富,生动真实,实操性强
	OTC医药代表药店开发与维护 鄢圣安 著	要做到一名专业的医药代表,需要做什么、准备什么、知识储备、操作技巧等	医药代表药店拜访的指导手册,手把手教你快速上手

续表

分类	书名/作者	内容简介	特点
医药	引爆药店成交率1：店员导购实战 范月明 著	一本书解决药店导购所有难题	情景化、真实化、实战化
	引爆药店成交率2：经营落地实战 范月明 著	最接地气的经营方法全指导	揭示了药店经营的几类关键问题
	引爆药店成交率：专业化销售解决方案 范月明 著	药品搭配分析与关联销售	为药店人专业化助力
建材家居	家具行业操盘手 王献永 著	家具行业问题的终结者	解决了干家具还有没有前途？为什么同城多店的家具经销商很难做大做强等问题
	建材家居营销：除了促销还能做什么 孙嘉晖 著	一线老手的深度思考，告诉你在建材家居营销模式基本停滞的今天，除了促销，营销还能怎么做	给你的想法一场革命
	建材家居营销实务 程绍珊 杨鸿贵 主编	价值营销运用到建材家居，每一步都让客户增值	有自己的系统、实战
	建材家居门店销量提升 贾同领 著	店面选址、广告投放、推广助销、空间布局、生动展示、店面运营等	门店销量提升是一个系统工程，非常系统、实战
	10步成为最棒的建材家居门店店长 徐伟泽 著	实际方法易学易用，让店员工能够迅速成长，成为独当一面的好店长	只要坚持这样干，一定能成为好店长
	手把手帮建材家居导购业绩倍增：成为顶尖的门店店员 熊亚柱 著	生动的表现形式，让普通人也能成为优秀的导购员，让门店业绩长红	读着有趣，用着简单，一本在手、业绩无忧
	建材家居经销商实战42章经 王庆云 著	告诉经销商：老板怎么当、团队怎么带、生意怎么做	忠言逆耳，看着不舒服就对了，实战总结，用一招半式就值钱
工业品	销售是门专业活：B2B、工业品 陆和平 著	销售流程就应该跟着客户的采购流程和关注点的变化向前推进，将一个完整的销售过程分成十个阶段，提供具体方法	销售不是请客吃饭拉关系，是个专业的活计！方法在手，走遍天下不愁
	解决方案营销实战案例 刘祖轲 著	用10个真案例讲明白什么是工业品的解决方案式营销，实战、实用	有干货，真正操作过的才能写得出来
	变局下的工业品企业7大机遇 叶敦明 著	产业链条的整合机会、盈利模式的复制机会、营销红利的机会、工业服务商转型机会……	工业品企业还可以这样做，思维大突破
	工业品市场部实战全指导 杜忠 著	工业品市场部经理工作内容全指导	系统、全面、有理论、有方法，帮助工业品市场部经理更快提升专业能力
	工业品营销管理实务 李洪道 著	中国特色工业品营销体系的全面深化、工业品营销管理体系优化升级	工具更实战，案例更鲜活，内容更深化

续表

	书名・作者	内容/特色	读者价值
工业品	工业品企业如何做品牌 张东利 著	为工业品企业提供最全面的品牌建设思路	有策略、有方法、有思路、有工具
	丁兴良讲工业4.0 丁兴良 著	没有枯燥的理论和说教，用朴实直白的语言告诉你工业4.0的全貌	工业4.0是什么？本书告诉你答案
	资深大客户经理：策略准，执行狠 叶敦明 著	从业务开发、发起攻势、关系培育、职业成长四个方面，详述了大客户营销的精髓	满满的全是干货
	一切为了订单：订单驱动下的工业品营销实战 唐道明 著	其实，所有的企业都在围绕着两个字在开展全部的经营和管理工作，那就是"订单"	开发订单、满足订单、扩大订单。本书全是实操方法，字字珠玑、句句干货，教你获得营销的胜利
金融	交易心理分析 (美)马克・道格拉斯 著 刘真如 译	作者一语道破赢家的思考方式，并提供了具体的训练方法	不愧是投资心理的第一书，绝对经典
	精品银行管理之道 崔海鹏 何屹 主编	中小银行转型的实战经验总结	中小银行的教材很多，实战类的书很少，可以看看
	支付战争 Eric M. Jackson 著 徐彬 王晓 译	PayPal创业期营销官，亲身讲述PayPal从诞生到壮大到成功出售的整个历史	激烈、有趣的内幕商战故事！了解美国支付市场的风云巨变
	中外并购名著专业阅读指南 叶兴平 等著	在5000多本并购类图书中精选的200著作，在阅读的基础上写的读书评价	精挑细选200本并一一评价，省去读者挑选的烦恼，快捷、高效
	互联网时代的银行转型 韩友诚 著	以大量案例形式为读者全面展示和分析了银行的互联网金融转型应对之道	结合本土银行转型发展案例的书籍
房地产	产业园区/产业地产规划、招商、运营实战 阎立忠 著	目前中国第一本系统解读产业园区和产业地产建设运营的实战宝典	从认知、策划、招商到运营全面了解地产策划
	人文商业地产策划 戴欣明 著	城市与商业地产战略定位的关键是不可复制性，要发现独一无二的"味道"	突破千城一面的策划困局
	电影院的下一个黄金十年：开发・差异化・案例 李保煜 著	对目前电影院市场存大的问题及如何解决进行了探讨与解读	多角度了解电影院运营方式及代表性案例

经营类：企业如何赚钱，如何抓机会，如何突破，如何"开源"

	书名・作者	内容/特色	读者价值
抓方向	让经营回归简单.升级版 宋新宇 著	化繁为简抓住经营本质：战略、客户、产品、员工、成长	经典，做企业就这几个关键点！
	混沌与秩序Ⅰ：变革时代企业领先之道 混沌与秩序Ⅱ：变革时代管理新思维 彭剑锋 尚艳玲 主编	汇集华夏基石专家团队10年来研究成果，集中选择了其中的精华文章编纂成册	作者都是既有深厚理论积淀又有实践经验的重磅专家，为中国企业和企业家的未来提出了高屋建瓴的观点
	活系统：跟任正非学当老板 孙行健 尹贤 著	以任正非的独到视角，教企业老板如何经营公司	看透公司经营本质，激活企业活力
	重构：中国企业重生战略 杨永华 著	从7个角度，帮助企业实现系统性的改造	提供转型思想与方法，值得参考

续表

抓方向	公司由小到大要过哪些坎 卢强 著	老板手里的一张"企业成长路线图"	现在我在哪儿,未来还要走哪些路,都清楚了
	企业二次创业成功路线图 夏惊鸣 著	企业曾经抓住机会成功了,但下一步该怎么办?	企业怎样获得第二次成功,心里有个大框架了
	老板经理人双赢之道 陈明 著	经理人怎养选平台、怎么开局,老板怎样选/育/用/留	老板生闷气,经理人牢骚大,这次知道该怎么办了
	简单思考:AMT咨询创始人自述 孔祥云 著	著名咨询公司(AMT)的CEO创业历程中点点滴滴的经验与思考	每一位咨询人,每一位创业者和管理经营者,都值得一读
	企业文化的逻辑 王祥伍 黄健江 著	为什么企业绩效如此不同,解开绩效背后的文化密码	少有的深刻,有品质,读起来很流畅
	使命驱动企业成长 高可为 著	钱能让一个人今天努力,使命能让一群人长期努力	对于想做事业的人,'使命'是绕不过去的
思维突破	盈利原本就这么简单 高可为 著	从财务的角度揭示企业盈利的秘密	多方面解读商业模式与盈利的关系,通俗易懂,受益匪浅
	移动互联新玩法:未来商业的格局和趋势 史贤龙 著	传统商业、电商、移动互联,三个世界并存,这种新格局的玩法一定要懂	看清热点的本质,把握行业先机,一本书搞定移动互联网
	画出公司的互联网进化路线图:用互联网思维重塑产品、客户和价值 李蓓 著	18个问题帮助企业一步步梳理出互联网转型思路	思路清晰、案例丰富,非常有启发性
	重生战略:移动互联网和大数据时代的转型法则 沈拓 著	在移动互联网和大数据时代,传统企业转型如同生命体打算与再造,称之为"重生战略"	帮助企业认清移动互联网环境下的变化和应对之道
	创造增量市场:传统企业互联网转型之道 刘红明 著	传统企业需要用互联网思维去创造增量,而不是用电子商务去转移传统业务的存量	教你怎么在"互联网+"的海洋中创造实实在在的增量
	7个转变,让公司3年胜出 李蓓 著	消费者主权时代,企业该怎么办	这就是互联网思维,老板有能这样想,肯定倒不了
	跳出同质思维,从跟随到领先 郭剑 著	66个精彩案例剖析,帮助老板突破行业长期思维惯性	做企业竟然有这么多玩法,开眼界
	麻烦就是需求 难题就是商机 卢根鑫 著	如何借助客户的眼睛发现商机	什么是真商机,怎么判断、怎么抓,有借鉴
	互联网+"变"与"不变":本土管理实践与创新论坛集萃·2016 本土管理实践与创新论坛 著	加速本土管理思想的孕育诞生,促进本土管理创新成果更好地服务企业、贡献社会	各个作者本年度最新思想,帮助读者拓宽眼界、突破思维
财务	写给企业家的公司与家庭财务规划——从创业成功到富足退休 周荣辉 著	本书以企业的发展周期为主线,写各阶段企业与企业主家庭的财务规划	为读者处理人生各阶段企业与家庭的财务问题提供建议及方法,让家庭成员真正享受财富带来的益处

续表

	书名．作者	内容/特色	读者价值
财务	互联网时代的成本观 程翔 著	本书结合互联网时代提出成本的多维观,揭示了多维组合成本的互联网精神和大数据特征,论述了其产生背景、实现思路和应用价值	在传统成本观下为盈利的业务,在新环境下也许就成为亏损业务。帮助管理者从新的角度来看待成本,进一步做好精益管理

管理类:效率如何提升,如何实现经营目标,如何"节流"

	书名．作者	内容/特色	读者价值
通用管理	让管理回归简单·升级版 宋新宇 著	从目标、组织、决策、授权、人才和老板自己层面教你怎样做管理	帮助管理抓住管理的要害,让管理变得简单
	让经营回归简单·升级版 宋新宇 著	从战略、客户、产品、员工、成长、经营者自身等七个方面,归纳总结出简单有效的经营法则	总结出的真正优秀企业的成功之道:简单
	让用人回归简单 宋新宇 著	从用人的原则、用人的难题与误区、用人的方法和用人者的修炼四大方面,总结出适合中小企业做好人才管理工作的法则	帮助管理者抓住用人的要害,让用人变得简单
	管理:以规则驾驭人性 王春强 著	详细解读企业规则的制定方法	从人与人博弈角度提升管理的有效性
	员工心理学超级漫画版 邢雷 著	以漫画的形式深度剖析员工心理	帮助管理者更了解员工,从而更轻松地管理员工
	帅抓战略,将抓执行 王清华 著	深入剖析老板与高管的异同	各司其职,各行其是,相辅相成
	分股合心:股权激励这样做 段磊 周剑 著	通过丰富的案例,详细介绍了股权激励的知识和实行方法	内容丰富全面、易读易懂,了解股权激励,有这一本就够了
	边干边学做老板 黄中强 著	创业20多年的老板,有经验、能写、又愿意分享,这样的书很少	处处共鸣,帮助中小企业老板少走弯路
	中国式阿米巴落地实践之从交付到交易 胡八一 著	本书主要讲述阿米巴经营会计,"从交付到交易",这是成功实施了阿米巴的标志	阿米巴经营会计的工作是有逻辑关联的,一本书就能搞定
	中国式阿米巴落地实践之激活组织 胡八一 著	重点讲解如何科学划分阿米巴单元,阐述划分的实操要领、思路、方法、技术与工具	最大限度减少"推行风险"和"摸索成本",利于公司成功搭建适合自身的个性化阿米巴经营体系
	集团化企业阿米巴实战案例 初勇钢 著	一家集团化企业阿米巴实施案例	指导集团化企业系统实施阿米巴
	阿米巴经营的中国模式 李志华 著	让员工从"要我干"到"我要干",价值量化出来	阿米巴在企业如何落地,明白思路了
	欧博心法:好管理靠修行 曾伟 著	用佛家的智慧,深刻剖析管理问题,见解独到	如果真的有'中国式管理',曾老师是其中标志性人物

续表

分类	书名	简介	特点
流程管理	1. 用流程解放管理者 2. 用流程解放管理者2 张国祥 著	中小企业阅读的流程管理、企业规范化的书	通俗易懂,理论和实践的结合恰到好处
	跟我们学建流程体系 陈立云 著	畅销书《跟我们学做流程管理》系列,更实操,更细致,更深入	更多地分享实践,分享感悟,从实践总结出来的方法论
质量管理	IATF16949质量管理体系详解与案例文件汇编:TS16949 转版 IATF16949:2016 谭洪华 著	针对IATF的新标准做了详细的解说,同时指出了一些推行中容易犯的错误,提供了大量的表单、案例	案例、表单丰富,拿来就用
	五大质量工具详解及运用案例:APQP/FMEA/PPAP/MSA/SPC 谭洪华 著	对制造业必备的五大质量工具中每个文件的制作要求、注意事项、制作流程、成功案例等进行了解读	通俗易懂、简便易行,能真正实现学以致用
	ISO9001:2015新版质量管理体系详解与案例文件汇编 谭洪华 著	紧密围绕2015年新版质量管理体系文件逐条详细解读,并提供可以直接套用的案例工具,易学易上手	企业质量管理认证、内审必备
	ISO14001:2015新版环境管理体系详解与案例文件汇编 谭洪华 著	紧密围绕2015年新版环境管理体系文件逐条详细解读,并提供可以直接套用的案例工具,易学易上手	企业环境管理认证、内审必备
	SA8000:2014社会责任管理体系认证实战 吕 林 著	作者根据自己的操作经验,按认证的流程,以相关案例进行说明SA8000认证体系	简单,实操性强,拿来就能用
战略落地	重生——中国企业的战略转型 施 炜 著	从前瞻和适用的角度,对中国企业战略转型的方向、路径及策略性举措提出了一些概要性的建议和意见	对企业有战略指导意义
	公司大了怎么管:从靠英雄到靠组织 AMT 金国华 著	第一次详尽阐释中国快速成长型企业的特点、问题及解决之道	帮助快速成长型企业领导及管理团队理清思路,突破瓶颈
	低效会议怎么改:每年节省一半会议成本的秘密 AMT 王玉荣 著	教你如何系统规划公司的各级会议,一本工具书	教会你科学管理会议的办法
	年初订计划,年尾有结果:战略落地七步成诗 AMT 郭晓 著	7个步骤教会你怎么让公司制定的战略转变为行动	系统规划,有效指导计划实现
人力资源	HRBP是这样炼成之"菜鸟起飞" 新 海 著	以小说的形式,具体解析HRBP的职责,应该如何操作,如何为业务服务	实践者的经验分享,内容实具具体,形式有趣
	HRBP是这样炼成之中级修炼 新 海 著	本书以案例故事的方式,介绍了HRBP在实际工作中碰到的问题和挑战	书中的HR解决方案讲究因时因地制宜、简单有效的原则,重在启发读者思路,可供各类企业HRBP借鉴

续表

	书名/作者	内容简介	推荐理由
人力资源	HRBP是这样炼成的之高级修炼 新海 著	以故事的形式，展现了HRBP工作者在职业发展路上的层层深入和递进	为读者提供HRBP在实际工作中遇到种种问题的解决方案
	把面试做到极致：首席面试官的人才甄选法 孟广桥 著	作者用自己几十年的人力资源经验总结出的一套实用的确定岗位招聘标准、提升面试官技能素质的简便方法	面试官必备，没有空泛理论，只有巧妙的实操技能
	人力资源体系与e-HR信息化建设 刘书生 陈莹 王美佳 著	将作者经历的人力资源管理变革、人力资源管理信息化咨询项目方法论、工具和成果全面展现给读者，使大家能够将其快速应用到管理实践中	系统性非常强，没有废话，全部是浓缩的干货
	回归本源看绩效 孙波 著	让绩效回顾"改进工具"的本源，真正为企业所用	确实是来源于实践的思考，有共鸣
	世界500强资深培训经理人教你做培训管理 陈锐 著	从7大角度具体细致地讲解了培训管理的核心内容	专业、实用、接地气
	曹子祥教你做激励性薪酬设计 曹子祥 著	以激励性为指导，系统性地介绍了薪酬体系及关键岗位的薪酬设计模式	深入浅出，一本书学会薪酬设计
	曹子祥教你做绩效管理 曹子祥 著	复杂的理论通俗化，专业的知识简单化，企业绩效管理共性问题的解决方案	轻松掌握绩效管理
	把招聘做到极致 远鸣 著	作为世界500强高级招聘经理，作者数十年招聘经验的总结分享	带来职场思考境界的提升和具体招聘方法的学习
	人才评价中心·超级漫画版 邢雷 著	专业的主题，漫画的形式，只此一本	没想到一本专业的书，能写成这效果
	走出薪酬管理误区 全怀周 著	剖析薪酬管理的8大误区，真正发挥好枢纽作用	值得企业深读的实用教案
	集团化人力资源管理实践 李小勇 著	对搭建集团化的企业很有帮助，务实，实用	最大的亮点不是理论，而是结合实际的深入剖析
	我的人力资源咨询笔记 张伟 著	管理咨询师的视角，思考企业的HR管理	通过咨询师的眼睛对比很多企业，有启发
	本土化人力资源管理8大思维 周剑 著	成熟HR理论，在本土中小企业实践中的探索和思考	对企业的现实困境有真切体会，有启发
企业文化	36个拿来就用的企业文化建设工具 海融心胜 主编	数十个工具，为了方便拿来就用，每一个工具都严格按照工具属性、操作方法、案例解读划分，实用、好用	企业文化工作者的案头必备书，方法都在里面，简单易操作
	企业文化建设超级漫画版 邢雷 著	以漫画的形式系统教你企业文化建设方法	轻松易懂好操作
	华夏基石方法：企业文化落地本土实践 王祥伍 谭俊峰 著	十年积累、原创方法、一线资料，和盘托出	在文化落地方面真正有洞察，有实操价值的书

续表

企业文化	企业文化的逻辑 王祥伍 著	为什么企业之间如此不同,解开绩效背后的文化密码	少有的深刻,有品质,读起来很流畅
	企业文化激活沟通 宋杼宸 安琪 著	透过新任HR总经理的眼睛,揭示出沟通与企业文化的关系	有实际指导作用的文化落地读本
	在组织中绽放自我:从专业化到职业化 朱仁健 王祥伍 著	个人如何融入组织,组织如何助力个人成长	帮助企业员工快速认同并投入到组织中去,为企业发展贡献力量
	企业文化定位·落地一本通 王明胤 著	把高深枯燥的专业理论创建成一套系统化、实操化、简单化的企业文化缔造方法	对企业文化不了解,不会做?有这一本从概念到实操,就够了
生产管理	精益思维:中国精益如何落地 刘承元 著	笔者二十余年企业经营和咨询管理的经验总结	中国企业需要灵活运用精益思维,推动经营要素与管理机制的有机结合,推动企业管理向前发展
	300张现场图看懂精益5S管理 乐涛 编著	5S现场实操详解	案例图解,易懂易学
	高员工流失率下的精益生产 余伟辉 著	中国的精益生产必须面对和解决高员工流失问题	确实来源于本土的工厂车间,很务实
	车间人员管理那些事儿 岑立聪 著	车间人员管理中处理各种"疑难杂症"的经验和方法	基层车间管理者最闹心、头疼的事,'打包'解决
	1. 欧博心法:好管理靠修行 2. 欧博心法:好工厂这样管 曾伟 著	他是本土最大的制造业管理咨询机构创始人,他从400多个项目、上万家企业实践中锤炼出的欧博心法	中小制造型企业,一定会有很强的共鸣
	欧博工厂案例1:生产计划管控对话录 欧博工厂案例2:品质技术改善对话录 欧博工厂案例3:员工执行力提升对话录 曾伟 著	最典型的问题、最详尽的解析,工厂管理9大问题27个经典案例	没想到说得这么细,超出想象,案例很典型,照搬都可以了
	工厂管理实战工具 欧博企管 编著	以传统文化为核心的管理工具	适合中国工厂
	苦中得乐:管理者的第一堂必修课 曾伟 编著	曾伟与师傅大愿法师的对话,佛学与管理实践的碰撞,管理禅的修行之道	用佛学最高智慧看透管理
	比日本工厂更高效1:管理提升无极限 刘承元 著	指出制造型企业管理的六大积弊;颠覆流行的错误认知;掌握精益管理的精髓	每一个企业都有自己不同的问题,管理没有一剑封喉的秘笈,要从现场、现物、现实出发
	比日本工厂更高效2:超强经营力 刘承元 著	企业要获得持续盈利,就要开源和节流,即实现销售最大化,费用最小化	掌握提升工厂效率的全新方法
	比日本工厂更高效3:精益改善力的成功实践 刘承元 著	工厂全面改善系统有其独特的目的取向特征,着眼于企业经营体质(持续竞争力)的建设与提升	用持续改善来飞速提升工厂的效率,高效率能够带来意想不到的高效益

续表

	书名 作者	内容/特色	读者价值
生产管理	3A顾问精益实践1:IE与效率提升 党新民 苏迎斌 蓝旭日 著	系统的阐述了IE技术的来龙去脉以及操作方法	使员工与企业持续获利
	3A顾问精益实践2:JIT与精益改善 肖志军 党新民 著	只在需要的时候,按需要的量,生产所需的产品	提升工厂效率
员工素质提升	TTT培训师精进三部曲(上):深度改善现场培训效果 廖信琳 著	现场把控不用慌,这里有妙招一用就灵	课程现场无论遇到什么样的情况都能游刃有余
	TTT培训师精进三部曲(中):构建最有价值的课程内容 廖信琳 著	这样做课程内容,学员有收获 培训师也有收获	优质的课程内容是树立个人品牌的保证
	TTT培训师精进三部曲(下):职业功力沉淀与修为提升 廖信琳 著	从内而外提升自己,职业的道路一帆风顺	走上职业TTT内训师的康庄大道
	管理咨询师的第一本书:百万年薪 千万身价 熊亚柱 著	从问题出发,发现问题、分析问题、解决问题,让两眼一抹黑的新人快速成长	管理咨询师初入职场,让这本书开启百万年薪之路
	手把手教你做专业督导:专卖店、连锁店 熊亚柱 著	从督导的职能、作用,在工作中需要的专业技能、方法,都提供了详细的解读和训练办法,同时附有大量的表单工具	无论是店铺需要统一培训,还是个人想成为优秀的督导,有这一本就够了
	跟老板"偷师"学创业 吴江萍 余晓雷 著	边学边干,边观察边成长,你也可以当老板	不同于其他类型的创业书,让你在工作中积累创业经验,一举成功
	销售轨迹:一位快消品营销总监的拼搏之路 秦国伟 著	本书讲述了一个普通销售员打拼成为跨国企业营销总监的真实奋斗历程	激励人心,给广大销售员以力量和鼓舞
	在组织中绽放自我:从专业化到职业化 朱仁健 王祥伍 著	个人如何融入组织,组织如何助力个人成长	帮助企业员工快速认同并投入到组织中去,为企业发展贡献力量
	企业员工弟子规:用心做小事,成就大事业 贾同领 著	从传统文化《弟子规》中学习企业中为人处事的办法,从自身做起	点滴小事,修养自身,从自身的改善得到事业的提升
	手把手教你做顶尖企业内训师:TTT培训师宝典 熊亚柱 著	从课程研发到现场把控、个人提升都有涉及,易读易懂,内容丰富全面	想要做企业内训师的员工有福了,本书教你如何抓住关键,从入门到精通

营销类:把客户需求融入企业各环节,提供"客户认为"有价值的东西

	书名 作者	内容/特色	读者价值
营销模式	精品营销战略 杜建君 著	以精品理念为核心的精益战略和营销策略	用精品思维赢得高端市场
	变局下的营销模式升级 程绍珊 叶宁 著	客户驱动模式、技术驱动模式、资源驱动模式	很多行业的营销模式被颠覆,调整的思路有了!

续表

营销模式	卖轮子 科克斯【美】	小说版的营销学！营销理念巧妙贯穿其中,贵在既有趣,又有深度	经典、有趣！一个故事读懂营销精髓
	动销操盘:节奏掌控与社群时代新战法 朱志明 著	在社群时代把握好产品生产销售的节奏,解析动销的症结,寻找动销的规律与方法	都是易读易懂的干货！对动销方法的全面解析和操盘
	弱势品牌如何做营销 李政权 著	中小企业虽有品牌但没名气,营销照样能做的有声有色	没有丰富的实操经验,写不出这么具体、详实的案例和步骤,很有启发
	老板如何管营销 史贤龙 著	高段位营销16招,好学好用	老板能看,营销人也能看
	洞察人性的营销战术:沈坤教你28式 沈坤 著	28个匪夷所思的营销怪招令人拍案叫绝,涉及商业竞争的方方面面,大部分战术可以直接应用到企业营销中	各种谋略得益于作者的横向思维方式,将其操作过的案例结合其中,提供的战术对读者有参考价值
	动销:产品是如何畅销起来的 吴江萍 余晓雷 著	真真切切告诉你,产品究竟怎么才能卖出去	击中痛点,提供方法,你值得拥有
销售	资深大客户经理:策略准,执行狠 叶敦明 著	从业务开发、发起攻势、关系培育、职业成长四个方面,详述了大客户营销的精髓	满满的全是干货
	成为资深的销售经理:B2B、工业品 陆和平 著	围绕"销售管理的六个关键控制点"一一展开,提供销售管理的专业、高效方法	方法和技术接地气,拿来就用,从销售员成长为经理不再犯难
	销售是门专业活:B2B、工业品 陆和平 著	销售流程就应该跟着客户的采购流程和关注点的变化向前推进,将一个完整的销售过程分成十个阶段,提供具体方法	销售不是请客吃饭拉关系,是个专业的活计！方法在手,走遍天下不愁
	向高层销售:与决策者有效打交道 贺兵一 著	一套完整有效的销售策略	有工具,有方法,有案例,通俗易懂
	卖轮子 科克斯 【美】	小说版的营销学！营销理念巧妙贯穿其中,贵在既有趣,又有深度	经典、有趣！一个故事读懂营销精髓
	学话术 卖产品 张小虎 著	分析常见的顾客异议,将优秀的话术模块化	让普通导购员也能成为销售精英
组织和团队	升级你的营销组织 程绍珊 吴越舟 著	用"有机性"的营销组织替代"营销能人",营销团队变成"铁营盘"	营销队伍最难管,程老师不愧是营销第1操盘手,步骤方法都很成熟
	用数字解放营销人 黄润霖 著	通过量化帮助营销人员提高工作效率	作者很用心,很好的常备工具书
	成为优秀的快消品区域经理(升级版) 伯建新 著	用"怎么办"分析区域经理的工作关键点,增加30%全新内容,更贴近环境变化	可以作为区域经理的"速成催化器"

续表

组织和团队	成为资深的销售经理：B2B、工业品 陆和平 著	围绕"销售管理的六个关键控制点"——展开，提供销售管理的专业、高效方法	方法和技术接地气，拿来就用，从销售员成长为经理不再犯难
	一位销售经理的工作心得 蒋军 著	一线营销管理人员想提升业绩却无从下手时，可以看看这本书	一线的真实感悟
	快消品营销：一位销售经理的工作心得2 蒋军 著	快消品、食品饮料营销的经验之谈，重点突出	来源于实战的精华总结
	销售轨迹：一位快消品营销总监的拼搏之路 秦国伟 著	本书讲述了一个普通销售员打拼成为跨国企业营销总监的真实奋斗历程	激励人心，给广大销售员以力量和鼓舞
	用营销计划锁定胜局：用数字解放营销人2 黄润霖 著	全方位教你怎么做好营销计划，好学好用真简单	照搬套用就行，做营销计划再也不头痛
	快消品营销人的第一本书：从入门到精通 刘雷 伯建新 著	快消行业必读书，从入门到专业	深入细致，易学易懂
产品	新产品开发管理，就用IPD 郭富才 著	10年IPD研发管理咨询总结，国内首部IPD专业著作	一本书掌握IPD管理精髓
	资深项目经理这样做新产品开发管理 秦海林 著	以IPD为思想，系统讲解新产品开管理的细节	提供管理思路和实用工具
	产品炼金术Ⅰ：如何打造畅销产品 史贤龙 著	满足不同阶段、不同体量、不同行业企业对产品的完整需求	必须具备的思维和方法，避免在产品问题上走弯路
	产品炼金术Ⅱ：如何用产品驱动企业成长 史贤龙 著	做好产品，关注产品的品质，就是企业成功的第一步	必须具备的思维和方法，避免在产品问题上走弯路
品牌	中小企业如何建品牌 梁小平 著	中小企业建品牌的入门读本，通俗、易懂	对建品牌有了一个整体框架
	采纳方法：破解本土营销8大难题 朱玉童 编著	全面、系统、案例丰富、图文并茂	希望在品牌营销方面有所突破的人，应该看看
	中国品牌营销十三战法 朱玉童 编著	采纳20年来的品牌策划方法，同时配有大量的案例	众包方式写作，丰富案例给人启发，极具价值
	今后这样做品牌：移动互联时代的品牌营销策略 蒋军 著	与移动互联紧密结合，告诉你老方法还能不能用，新方法怎么用	今后这样做品牌就对了
	中小企业如何打造区域强势品牌 吴之 著	帮助区域的中小企业打造自身品牌，如何在强壮自身的基础上往外拓展	梳理误区，系统思考品牌问题，切实符合中小区域品牌的自身特点进行阐述
渠道通路	快消品营销与渠道管理 谭长春 著	将快消品标杆企业渠道管理的经验和方法分享出来	可口可乐、华润的一些具体的渠道管理经验，实战

续表

	书名·作者	内容/特色	读者价值
渠道通路	传统行业如何用网络拿订单 张 进 著	给老板看的第一本网络营销书	适合不懂网络技术的经营决策者看
	采纳方法:化解渠道冲突 朱玉童 编著	系统剖析渠道冲突,21个渠道冲突案例、情景式讲解,37篇讲义	系统、全面
	学话术 卖产品 张小虎 著	分析常见的顾客异议,将优秀的话术模块化	让普通导购员也能成为销售精英
	向高层销售:与决策者有效打交道 贺兵一 著	一套完整有效的销售策略	有工具,有方法,有案例,通俗易懂
	通路精耕操作全解:快消品20年实战精华 周 俊 陈小龙 著	通路精耕的详细全解,每一步的具体操作方法和表单全部无保留提供	康师傅二十年的经验和精华,实践证明的最有效方法,教你如何主宰通路

管理者读的文史哲·生活

	书名·作者	内容/特色	读者价值
思想·文化	德鲁克管理思想解读 罗 珉 著	用独特视角和研究方法,对德鲁克的管理理论进行了深度解读与剖析	不仅是摘引和粗浅分析,还是作者多年深入研究的成果,非常可贵
	德鲁克与他的论敌们:马斯洛、戴明、彼得斯 罗 珉 著	几位大师之间的论战和思想碰撞令人受益匪浅	对大师们的观点和著作进行了大量的理论加工,去伪存真、去粗存精,同时有自己独特的体系深度
	德鲁克管理学 张远凤 著	本书以德鲁克管理思想的发展为线索,从一个侧面展示了20世纪管理学的发展历程	通俗易懂,脉络清晰
	王阳明"万物一体"论——从"身体"的立场看 陈立胜 著	以身体哲学分析王阳明思想中的"仁"与"乐"	进一步了解传统文化,了解王阳明的思想
	自我与世界:以问题为中心的现象学运动研究 陈立胜 著	以问题为中心,对现象学运动中的"意向性""自我""他人""身体"及"世界"各核心议题之思想史背景与内在发展理路进行深入细致的分析	深入了解现象学中的几个主要问题
	作为身体哲学的中国古代哲学 张再林 著	上篇为中国古代身体哲学理论体系奠基性部分,下篇对由"上篇"所开出的中国身体哲学理论体系的进一步的阐发和拓展	了解什么是真正原生态意义上的中国哲学,把中国传统哲学与西方传统哲学加以严格区别
	中西哲学的歧异与会通 张再林 著	本书以一种现代解释学的方法,对中国传统哲学内在本质尝试一种全新的和全方位的解读	发掘出掩埋在古老传统形式下的现代特质和活的生命,在此基础上揭示中西哲学"你中有我,我中有你"之旨

续表

思想·文化	治论:中国古代管理思想 张再林 著	本书主要从儒、法墨三家阐述中国古代管理思想	看人本主义的管理理论如何不留斧痕地克服似乎无法调解的存在于人类社会行为与社会组织中的种种两难和对立
	中国古代政治制度(修订版)上:皇帝制度与中央政府 刘文瑞 著	全面论证了古代皇帝制度的形成和演变的历程	有助于读者从政治制度角度了解中国国情的历史渊源
	中国古代政治制度(修订版)下:地方体制与官僚制度 刘文瑞 著	全面论证了古代地方政府的发展演变过程	有助于读者从政治制度角度了解中国国情的历史渊源
	中国思想文化十八讲(修订版) 张茂泽 著	中国古代的宗教思想文化,如对祖先崇拜、儒家天命观、中国古代关于"神"的讨论等	宗教文化和人生信仰或信念紧密关联,在文化转型时期学习和研究中国宗教文化就有特别的现实意义
	史幼波《大学》讲记 史幼波 著	用儒释道的观点阐释大学的深刻思想	一本书读懂传统文化经典
	史幼波《周子通书》《太极图说》讲记 史幼波 著	把形而上的宇宙、天地,与形而下的社会、人生、经济、文化等融合在一起	将儒家的一整套学修系统融合起来
	史幼波《中庸》讲记(上下册) 史幼波 著	全面、深入浅出地揭示儒家中庸文化的真谛	儒释道三家思想融会贯通
	梁涛讲《孟子》之《万章篇》 梁 涛 著	《万章》主要记录孟子与万章的对话,涉及孝道、亲情、友情、出仕为官等	作者的解读能帮助读者更好地理解孟子及儒学
	每个中国人身上的春秋基因 史贤龙 著	春秋368年(公元前770-公元前403年),每一个中国人都可以在这段时期的历史中找到自己的祖先,看到真实发生的事件,同时也看到自己	长情商、识人心
	与《老子》一起思考:德篇 史贤龙 著	打通文史,回归哲慧,纵贯古今,放眼中外,妙语迭出,在当今的老子读本中别具一格	深读有深读的回味,浅尝有浅尝的机敏,可给读者不同的启发
	郑子太极拳理拳法丛书 杨竣雄 著	走进郑子太极拳完整训练体系的大门,随着书中另一主角——师父的课程安排与每日功课的练习	当您学完这套书后,在掌握拳架的同时具备诸多正确的太极理念与系统知识
	内功太极拳训练教程 王铁仁 编著	杨式(内功)太极拳(俗称老六路)的详细介绍及具体修炼方法,身心的一次升华	书中含有大量图解并有相关视频供读者同步学习
	中医治心脏病 马宝琳 著	引用众多真实案例,客观真实地讲述了中西医对于心脏病的认识及治疗方法	看完这本书,能为您节约10万元医药费